U0160406

QGIS 遥感应用丛书

第一册

QGIS 和通用工具

Nicolas Baghdadi
〔法〕 Clément Mallet 编
Mehrez Zribi

陈长林　邓跃进　满　旺
魏海平　刘旻喆　涂思仪　译

　　　**WILEY**

科学出版社

北京

图字号：01-2020-5319

内 容 简 介

QGIS 作为广泛使用的开源地理信息系统软件，集成了地理信息领域许多的思想和技术。本书通过丰富的软件使用示例，由浅入深地为读者提供了了解这些思想和技术的途径。本书主要内容涉及 QGIS 的基本使用、GDAL 工具、GRASS GIS 模块、SAGA GIS 模块、Orfeo 工具箱、LizMap 在线地图发布和 GeoHealth 健康应用插件等。读者也可在本书提供的网站获取相关数据和资料。

本书可作为地理信息工程专业的教材，也适合于需要使用 QGIS 软件开发空间和非空间应用的读者。

图书在版编目（CIP）数据

QGIS 和通用工具/（法）尼古拉斯·巴格达迪（Nicolas Baghdadi）等编；陈长林等译. —北京：科学出版社，2020.9
（QGIS 遥感应用丛书. 第一册）
书名原文：QGIS and Generic Tools
ISBN 978-7-03-066223-1

Ⅰ．①Q…　Ⅱ．①尼…　②陈…　Ⅲ．①地理信息系统
Ⅳ．①P208.2

中国版本图书馆 CIP 数据核字（2020）第 180035 号

责任编辑：杨明春　韩　鹏　柴良木 / 责任校对：王　瑞
责任印制：吴兆东 / 封面设计：图阅盛世

QGIS and Generic Tools
Edited by Nicolas Baghdadi, Clément Mallet and Mehrez Zribi
ISBN 978-1-78630-187-1
Copyright©ISTE Ltd 2018

科 学 出 版 社 出版
北京东黄城根北街 16 号
邮政编码：100717
http://www.sciencep.com
北京建宏印刷有限公司 印刷
科学出版社发行　各地新华书店经销
*
2020 年 9 月第 一 版　开本：720×1000　B5
2021 年 11 月第三次印刷　印张：15
字数：307 000
定价：128.00 元
（如有印装质量问题，我社负责调换）

译 者 序

"站在巨人的肩膀上"

认知世界是人类生存和发展的基本前提。过去,人们通过脚步丈量世界;现在,人们可以遥知世界。遥感卫星无疑扩展了人类的眼界,各类遥感信息的提取与应用不断丰富着人们对世界的认知。随着经济社会的飞速发展,山水林田湖与城市景观等自然和人文地理要素变化日新月异,通过遥感手段进行环境监测、分析与应用的需求越来越多。"工欲善其事,必先利其器",说到遥感科学研究与应用,大多数业内人士想到的可能是 ENVI/IDL 和 ERDAS IMAGINE 等商业软件。这些商业软件虽然功能强大,但是运行环境要求高,售价不菲,在一定程度上限制了遥感科学研究的探索与试验,也不利于促进遥感应用向大众化和社会化方向发展。

我长期从事地理信息系统(GIS)平台研发工作,早在 2006 年就已开始密切关注并着手研究各类开源 GIS,一方面跟踪前沿技术动态,另一方面汲取 GIS 软件设计与开发的经验。早期的开源 GIS 无法与商业 GIS 较量,但是近些年来,随着开源文化的日益盛行,开源 GIS 领域不断涌现出一些先进成果,如 OpenLayers、Cesium、OSGEarth 等,这些优秀成果或多或少被当今各类商业 GIS 所采用、借鉴或兼容。QGIS 是目前国际上功能最强大的开源免费桌面型 GIS,具备跨平台、易扩展、使用简便、稳定性好等优点,在常规应用上可以替代 ArcGIS,已经得到越来越多用户的认可。

2019 年我正酝酿着编写《QGIS 桌面地理信息系统应用与开发指南》,旨在阐述 QGIS 设计架构和应用案例。当我查阅到 *QGIS IN REMOTE SENSING SET* 这套丛书时,意外地发现原来 QGIS 不仅仅可以作为通用 GIS 平台,还可以在遥感应用领域大显身手,更难得的是,这套书有机融合了案例、数据、数学模型、工具使用等多方面内容,正好契合我的想法。为了尽快推进 QGIS 在国内应用,我随即将编著计划延后,召集相关单位人员组成编译成员组,优先启动了译著出版计划。不过,好事多磨,从启动计划到翻译完成,足足花费了一年半时间,中间还出现过不少小插曲。幸好,团队成员齐心协力克服种种困难,终于让译著顺利面世。

本套译著共分四册,涵盖了众多应用案例,包括疫情分布制图、土壤湿度反演、热成像分解、植被地貌制图、城市气候模拟、风电场选址、生态系统评估、生物多样性影响、沿岸水深反演、水库水文监测、网络分析、灾害分析等。全书由海军研究院、火箭军研究院、战略支援部队信息工程大学、武汉大学、天津大学、厦门理工学院等六个单位共同完成。其中，我和贾俊涛高级工程师负责协调组织，完成部分翻译并对全书进行统稿审校，四册书参与人员如下。

（1）第一册《QGIS 和通用工具》：陈长林高级工程师、邓跃进副教授、满旺副教授、魏海平教授、刘旻喆同学、涂思仪同学。

（2）第二册《QGIS 农林业应用》：陈长林高级工程师、贾俊涛高级工程师、邓跃进副教授、陈换新工程师、涂思仪同学。

（3）第三册《QGIS 国土规划应用》：陈长林高级工程师、贾俊涛高级工程师、邓跃进副教授、张殿君讲师、刘呈理同学、刘旻喆同学。

（4）第四册《QGIS 水利和灾害应用》：陈长林高级工程师、贾俊涛高级工程师、邓跃进副教授、王星讲师、龚天昱同学。

战略支援部队信息工程大学的郭宏伟和于靖宇两位同学，武汉大学的龚婧、李颖、余佩玉、陈发、孟浩翔等同学，参与了文字规范和查缺补漏工作，在此表示感谢。

本书内容专业性较强，适合作为地理信息科学研究、应用开发与中高级教学的参考用书。翻译此书不但需要扎实的专业知识以准确理解原文，而且需要字斟句酌反复推敲才能准确用词。由于我们知识水平有限，译著中难免有疏漏或翻译欠妥之处，敬请读者不吝赐教。

陈长林

前　言

"QGIS 遥感应用"系列丛书旨在促进量子地理信息系统（Quantum Geographic Information System，QGIS）软件在遥感特定领域中的实际应用。QGIS 是一个开源的跨平台（Windows、Android、BSD、Linux、Mac OS X、Unix）软件，自 2009 年发布版本 1.0 以来发展迅速、稳定。得益于国际上程序员社区的不断壮大，QGIS 用户群体持续增长，无论是在基本工具还是在专题应用方面，QGIS 的应用越来越多。

为更好地满足用户需求，QGIS 会定期更新，增加许多新的功能。新功能的增加可以通过集成地理信息科学中各种扩展库，如地理空间数据抽象库（Geosptial Data Abstraction Library，GDAL）、地理资源分析支持系统（Geographic Resources Analysis Support System，GRASS）、自动化地球科学分析系统（System for Automated Geoscientific Analyses，SAGA）、Orfeo 工具箱（Orfeo Tool Box，OTB）等，以及开发自己的 QGIS 服务和基于 Python 的脚本引擎来实现。

本丛书共四册，其中第一册介绍了 QGIS 原理以及影像处理和地理信息科学中常用的基本库：GDAL、GRASS、SAGA 和 OTB。第一册说明了在其他三册书中遥感和空间分析实际案例中用到的许多核心功能，包括栅格和矢量格式管理与处理、地理配准、地学处理工具、统计分析、空间分析（包括网络分析和三维分析）和分类，涵盖了从核心处理到可视化和制图编辑的各个功能。

第二～第四册专门阐述空间数据（主要是卫星影像）的各种应用。四册书中的每一章都分为三个部分：①应用背景描述；②方法；③基于 QGIS 及其类库的实现。每一册对应一个专门的主题，第二册探讨了农林业方面的应用，第三册讨论了土地利用规划方面的应用，第四册展示了水资源与灾害管理方面的应用。

GIS 正成为科学界和公共服务机构通用的基础工具，广泛用于实施、监测与评估公共政策。事实上，GIS 已经从最初的空间信息可视化与表达系统、地图分析以及相关产品，迅速发展成为包含许多影像处理和空间分析工具的更加完善和通用的系统。现在，GIS 不仅能让我们突出研究成果或者应用项目，也能够帮助我们完善项目不同阶段的信息和必需的知识。QGIS 具有免费和多平台优势，因此在这些功能方面发展更加迅速。在遥感领域更是如此，地理空间影像正在为众多研究者提供便利，许多项目和研究为处理大量地理数据提供了技术基础。

因此，QGIS 用户社区对于教材的需求十分强烈。我们希望本丛书的出版可以帮助 QGIS 初学者快速入门，也可以帮助那些对 QGIS 及其类库有一定使用经验的人们扩展他们的专业技能。

本书第 1 章是简介 QGIS 基本情况；第 2～第 5 章主要描述各种库，第 2 章说明 GDAL 库及其主要功能，第 3 章阐述 GRASS 库，第 4 章探讨 SAGA 库，主要探讨可视化和处理工具，第 5 章分析 OTB 库，主要面向影像处理；第 6 章阐释如何使用 LizMap 在线发布土地覆盖图；第 7 章展示利用 GeoHealth 和 QuickOSM①扩展库开发医疗健康相关应用。

本书由本领域内多位科学家完成，面向具有 GIS 专业基础的学生（硕士、博士）、工程师和研究人员。除了本书提供的文字内容外，读者还可以获得数据和工具，从而完全实现每一章所述的程序，也可以获得每个应用程序实现步骤的屏幕截图。我们希望通过这些工作，能够促进 QGIS 工具在遥感中的应用。

各章的补充资料，包括数据源影像、训练和验证数据、辅助信息和说明各章实际应用的屏幕截图，可通过以下途径获取。

使用浏览器：ftp:193.49.41.230；

使用 FileZilla 客户端：193.49.41.230；

用户名：vol1_en；

密码：1loe34Nv@。

我们感谢每一位为本书出版做出贡献的人，包括每一章的作者，以及为每一章提供实验、修正反馈的阅读委员会的专家。本书的出版得到法国环境与农业科技研究院（French National Research Institute of Science and Technology for the Environment and Agriculture，IRSTEA）、法国国家科研中心（French National Center for Scientific Research，CNRS）、法国国家地理和森林信息研究所（National Institute of Geographic and Forest Information，IGN）和法国国家空间研究中心（French National Center for Space Studies，CNES）的支持。

我们非常感谢空中客车防务与航天公司、CNES 和法国科学设备专项计划项目"法国领土卫星全覆盖"（Equipex Geosud）提供的 SPOT-5/6/7 影像。需要注意的是，这些影像只能用于科学研究和训练框架，任何基于本书数据进行的商业活动都是严格禁止的。

---

① 公开地图（open street map，OSM）。

　　我们也要感谢家人的支持，感谢 Andre Mariotti（皮埃尔和玛丽居里大学名誉教授）和 Pierrick Givone（IRSTEA 院长）的鼓励和支持，使本书得以出版。

Nicolas Baghdadi

Clément Mallet

Mehrez Zribi

尼古拉斯·巴格达迪

克莱芒特·马利特

迈赫雷兹·兹里布

目　　录

1

QGIS 概述

Nicolas Moyroud，Frédéric Portet

1.1 简史

QGIS（之前称为量子 GIS）是一个免费、开源、跨平台的可扩展 GIS 工具，由基于 Python 和 C++语言开发的插件组成。它是开源地理空间基金会（Open Source Geospatial Foundation，OSGeo，https://www.osgeo.org，2020.7.22）的官方项目之一，致力于帮助和促进开源地理信息软件的协同开发。

现在，QGIS 是一个深受用户欢迎的地理信息处理套件（https://www.qgis.org，2020.7.22）。QGIS 具有用户友好、符合人类工程学等特点，能够采集、存储、处理、分析、管理和呈现所有类型的空间数据，效果可以与那些昂贵的软件媲美。

QGIS 最初由加里·谢尔曼（Gary Sherman）在 2002 年开发，作为地理资源分析支持系统 GRASS 和地理数据库管理系统 PostGIS 数据的可视化工具。2007 年 QGIS 成为 OSGeo 组织的一个项目，第一个主要版本（版本 1.0）在 2009 年发布，版本 2.0 在 2013 年发布，版本 3.14.15 在 2020 年 8 月发布。QGIS 由开发人员组成的项目委员会维护，定期进行功能更新，每 4 个月发布一个新的小版本。此外，不断丰富的插件库使用户能够持续使用定制的功能与服务。

QGIS 在志愿开发者团队、译者、程序测试员以及一些专业机构人员的共同帮助下得到了持续发展。项目委员会主要确保整个团体的黏性，协调各方联盟关系以及决定项目开发方向。

各领域众多的 QGIS 贡献者形成了一个全球性的 QGIS 社区。2016 年 5 月在赫罗纳（Girona）举行的第 15 届 QGIS 开发者国际会议上有 112 个贡献者。项目成果管理、用户交流以及最新消息传播均受益于 QGIS 社区空间，包括网站、维基、论坛、邮件列表以及法语用户群的博客门户（https://lists.osgeo.org/mailman/listinfo/qgis-user，2020.7.22）。

技术上，QGIS 集成了地理空间数据抽象库（GDAL），从而可以读取和处理大量（免费和持有专利的）地理影像。QGIS 还支持多种矢量数据格式（包括

PostgreSQL、PostGIS、Shapefiles、GPX、GeoJSON、SQLite、KML、MapInfo、Autocad DXF、ESRI Personal Geodatabase、Oracle Spatial、ERDAS、ENVI、MBTiles 等）。其他处理库（如 Sextante）也可以集成到 QGIS 中。

　　QGIS 根据 GNU/GPL[①]版本 2 发布，允许免费使用功能强大、价格低廉的 GIS 程序，适用于大多数平台，包括 GNU/Linux、Unix、Max OS X 和 Windows。

1.2　QGIS 图形用户界面

　　以下各节展示了 QGIS 图形用户界面（graphical user interface，GUI），使用法国国家地理和森林信息研究所（IGN）网站（http://professionnels.ign.fr/route120，2020.7.22）提供的 ROUTE 120®公开数据库作为示例数据。

1.2.1　标准界面

　　QGIS 标准界面包括（图 1.1）：

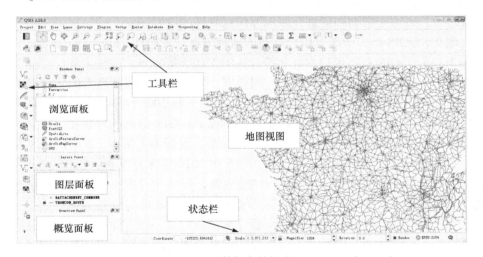

图 1.1　显示 ROUTE 120®数据库的标准 QGIS GUI（v2.16）

　　（1）地图视图（map view）；
　　（2）左侧的浏览（browser）面板、图层（layers）面板和概览（overview）面板；
　　（3）在地图周围包含按功能分类的工具栏（toolbars）；
　　（4）屏幕底部显示光标坐标、地理坐标、比例尺等参数的状态栏（status bar）。

---

　　① 通用公共许可证（General Public License，GPL）。

1.2.2 设置

可通过菜单→选项（图 1.2）的基本选项预设置 QGIS。

可配置的选项卡包括以下几点。

（1）General（通用设置）：默认选项；

（2）CRS：坐标参考系统定义；

（3）Network（网络）：用于访问互联网的网络与代理设置。

图 1.2 设置："选项"菜单

1.2.3 添加图层

使用"图层管理"工具栏按钮可以添加不同类型的图层（图 1.3）。

1.2.4 QGIS 项目

QGIS 工作环境保存在扩展名为.qgs 的项目文件中，包含的信息如下：

（1）访问过的图层；

（2）主题分析；

（3）历史请求；

（4）图层样式（style）；

（5）使用的投影；

（6）缩放；

（7）已完成的布局（地图）；

（8）其他。

数据不包含在"项目"工具栏（图 1.4）中，因此在移动或者传输文件时必须注意保留项目的访问路径。

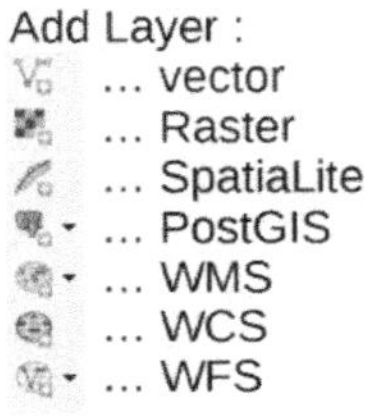

Add Layer :
V... ... vector
... Raster
... SpatiaLite
... PostGIS
... WMS
... WCS
... WFS

"Project" icons :
- New Project
- Open
- Save
- Save as

图 1.3　"图层管理"工具栏 　　　　图 1.4　"项目"工具栏

1.2.5　导航

"地图导航"工具栏可以用于移动地图和调整屏幕的缩放比例（图 1.5）。

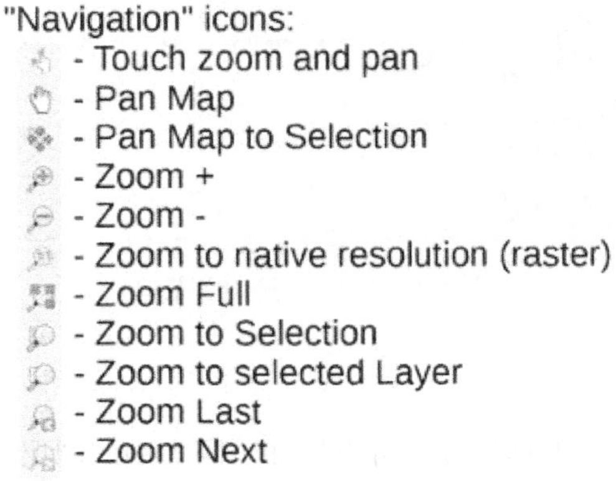

"Navigation" icons:
- Touch zoom and pan
- Pan Map
- Pan Map to Selection
- Zoom +
- Zoom -
- Zoom to native resolution (raster)
- Zoom Full
- Zoom to Selection
- Zoom to selected Layer
- Zoom Last
- Zoom Next

图 1.5　"地图导航"工具栏

1.2.6　实体属性

"属性"工具栏可以用于选择实体，获取和查询属性数据（图 1.6）。

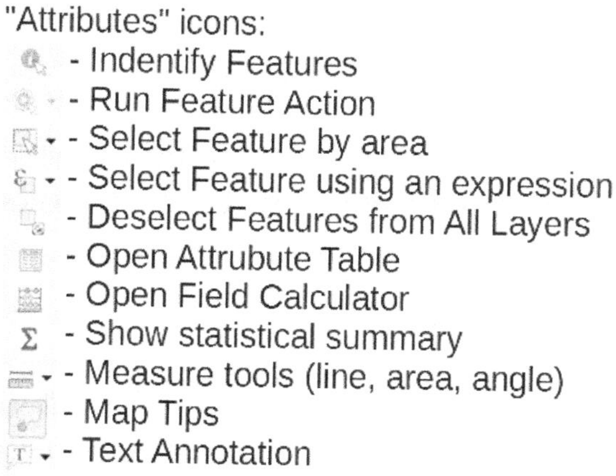

"Attributes" icons:
- - Indentify Features
- - Run Feature Action
- - Select Feature by area
- - Select Feature using an expression
- - Deselect Features from All Layers
- - Open Attrubute Table
- - Open Field Calculator
- Σ - Show statistical summary
- - Measure tools (line, area, angle)
- - Map Tips
- - Text Annotation

图 1.6 "属性"工具栏

1.3 处理模块和空间分析工具包

1.3.1 处理模块的历史和发展

QGIS 软件最早的版本即提供了空间处理和分析功能。但在版本 1.8 之前，这些功能只能通过软件主界面的下拉菜单和按钮完成。因此，这些功能只能在图形模式下使用，导致无法重复一个或者多个操作，需要在界面环境下费力地重做。

此外，QGIS 软件按模块化体系结构进行设计，用户可以根据需要安装各种扩展程序以实现不同的功能。其缺点是各种处理功能分散在许多扩展程序的菜单中。对用户而言，在界面中寻找各种有用的工具并不方便，链式操作需要用到很多不同的菜单。

这些因素促使 QGIS 开发人员提供一个工具包，能够将该软件及其扩展的处理功能集成到通用界面。2013 年 9 月发布 QGIS 版本 2.0 的同时发布了该工具包，实际上是对拓展 Sextante 工具包的集成和增强。

从一开始，该模块开发人员就将其设计为开放的、配置灵活的工具包，不仅需要集成 QGIS 及其扩展提供的处理功能，也要集成第三方工具提供的功能。实际上，其他免费软件，如 Orfeo 工具箱（OTB），SAGA GIS 或 GRASS 也提供空间处理功能。提供一种方法将这些软件的功能集成到 QGIS，比重新在 QGIS 中开发相同的功能更有意义，其价值体现在两个方面：①能用更低的代价为 QGIS 增添新的功能；②可为用户提供一个图形界面，以使用不同的、通常只能在命令行中才能调用的外部软件。

另外，该模块还旨在实现 QGIS 中的任务自动化。这样就可以通过使用由多个不同处理功能组成的任务，完成对不同数据集的处理，避免重复操作 QGIS GUI 界面。

在 QGIS 版本更新中，处理模块通过修补漏洞以及增加新功能以不断改善其性能。在版本 2.18（2017 年 2 月发布）中，默认支持 OTB、GRASS、GDAL/OGR、R、SAGA、TauDEM、LAStools（LIDAR 工具）等外部库。

1.3.2　工具箱及其算法说明

QGIS 软件默认提供处理模块，不需要安装任何扩展插件（图 1.7）。QGIS GUI 提供了 Processing（处理）菜单。如果没有该菜单，说明所安装的 QGIS 未激活此模块，对于新安装的 QGIS 而言，有可能出现这种情况。为了激活这个模块，可打开 QGIS 扩展管理菜单：Plugins→Manage and Install plugins（插件→管理和安装插件），在搜索栏中键入"Processing"，然后单击列表中 Processing 项左侧的复选框。Processing 菜单将出现在主界面中。

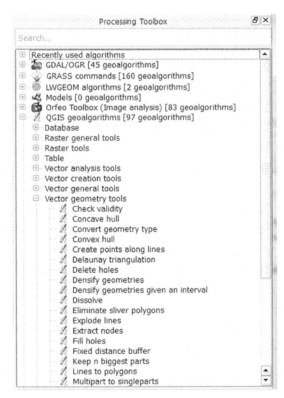

图 1.7　处理工具箱

打开 Processing Toolbox（处理工具箱）菜单项可以显示工具箱包含的处理算法列表。工具箱窗口将出现在 QGIS 主界面右侧，以一种树状结构呈现。第一层按算法所涉及的原始工具组织。第二层按可用算法的类别组织，包括栅格、矢量、数据库等。在第三层，带有图标的算法分类可以帮助用户直观地找到相应的工具。

可以在工具箱顶部的搜索框中键入字符串快速筛选算法，便于在条目繁多的算法列表中寻找某种特定算法，不需要逐个地展开树形分支。

默认情况下，工具箱中处理模块支持的所有算法并非全部可见，特别是那些需要链接外部工具的算法。通过菜单 Processing→Options（处理→选项），打开模块选项可以添加缺失的外部工具。Service Providers（服务提供者）中列出了模块可使用的各种工具，如为了使用集成 R 语言，点开 R scripts（R 脚本）项，单击 Enable 复选框。然后输入 R 脚本所在的目录。单击 OK 按钮后，在工具箱中就会出现一个新的 R scripts，包含指定目录中所有的 R 脚本。其他外部工具的添加也是一样的原理，如添加 Orfeo 应用的方法是：单击选项中的 Activate（激活）复选框（图 1.8）。这种情况下无须指定目录，OTB 应用提供的功能会自动添加到 QGIS 中。

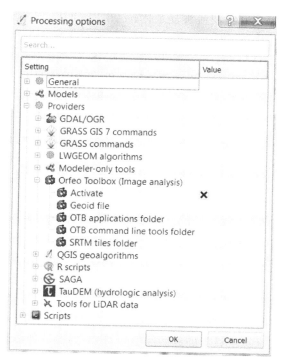

图 1.8　在 Processing 选项中激活 OTB

工具箱中出现的各种算法在用户的操作系统中不一定可以运行。当只有通过

QGIS 提供的 GUI 可用时，根据实际情况确定是否需要在操作系统中安装 R 语言和 OTB 应用程序。这些是独立的软件，QGIS 不会自动安装它们，这些软件的安装也超出了 QGIS 软件的使用范围，因此不在这里赘述。读者可以在这些应用的网站上找到它们的实用文档，下面是两个关于这些软件安装说明以及 QGIS 相关操作和设置的网站链接：

（1）https://wiki.orfeo-toolbox.org/index.php/QGIS_access_to_OTB_applications，2020.7.22；

（2）http://docs.qgis.org/2.18/en/docs/user_manual/processing_algs/index.html，2020.7.22。

如果在 QGIS 中安装了扩展插件，则会在处理工具箱中自动添加一些菜单。例如，QuickOSM①扩展允许用户加载 OpenStreetMap 免费地理数据库中的数据到 QGIS。扩展插件的开发人员已经将部分功能直接添加到处理模块中，因此可以统一在工具箱中使用这些扩展的功能，不需要浏览查找扩展的菜单。

1.3.3 算法执行示例

为避免安装第三方软件使流程复杂化，这里以 QGIS 内部算法作为执行示例。这些算法位于工具箱中的 QGIS Geoprocessing（QGIS 地理处理）。

先从两个矢量图层的合并操作开始：QGIS Geoprocessing→Vector general tools→Merge vector layers（QGIS 地理处理→矢量通用工具→合并矢量图层）。弹出的窗口中包含此次处理所需的所有输入与输出参数的界面。本示例中，界面中包含三个区域：首先是将要被合并的两个矢量图层，然后是它们合并后将生成的图层。需要注意的是，如果不在最后一个输出区域中输入内容，QGIS 会生成一个临时文件，如果勾选了 Open file after output of the algorithm（算法输出结果后打开文件），会在主界面中显示合并的图层。读者可以根据需要决定是否将该图层保存到文件中。

需要格外注意的是矢量图层的地图投影系统。这个算法并不能处理重投影问题，因此，输入的两个图层必须具有相同的投影系统，才能保证算法正常执行。如果投影系统不相同，则须先使用 Reproject layer（重投影图层）算法处理其中一个图层，再将处理后的图层作为 Merge vector layers（合并矢量图层）算法的输入。

另外需要注意的是，当使用矢量图层相关算法时，如果没有选择图层中的对象，则该算法会使用当中的所有对象。并且，如果已经通过 QGIS GUI 选中该图层中的某些对象，那么算法只会处理被选中的对象。通过处理模块选项 Processing→Options→General→Use only the selected features（处理→选项→通用→只选用要

---

① OSM 即 Open Street Map。

素）可以修改这个设置。

1.3.4 添加自定义 Python 脚本

当像之前一样使用一个处理算法时，与直接使用 QGIS 菜单类似。接下来读者可以看到 Processing（处理）模块是如何通过算法的链接和自动化功能进行更复杂的应用。同时应该注意到，展现各种算法的窗口图形界面是根据算法代码由 QGIS 自动生成的。

以前，如果贡献者想要为 QGIS 添加新的特性，需要了解扩展工具开发和使用 Qt Designer 设计界面的全部过程。这是一项需要懂得 QGIS 软件应用编程接口（application programming interface，API）开发的繁杂任务，有一定的开发难度。如果读者在用 Python 开发地理定位数据处理算法，那么现在处理模块将会很容易将这些算法集成到 QGIS，只需添加少量的 Python 代码，QGIS 就会自动为脚本添加一个图形界面。

为生成一个界面，Processing（处理）模块需要两种信息：脚本包含的所有输入/输出参数，以及每个参数的类型（整型、字符串、矢量图层、栅格图层等）。指定一个输入参数时，只需在 Python 脚本以##开头的注释行中，按如下格式编写：[参数名]=[参数类型][可选值]。声明一个输出参数时，须按如下格式添加关键词output：[参数名]=output[参数类型]。这些特殊的行应放置在每个脚本的开头声明，其他行保持原样即可。

下面是一个 Python 脚本的参数示例，包含一个栅格图层（raster_layer）和一个输入数值参数（class），以及一个输出矢量图层（vector_layer）：

```
##raster_layer=raster
##class=number 30
##vector_layer=output vector
```

在脚本的其余部分，Python 代码将会使用 raster_layer、class 变量作为计算参数，然后将算法的结果储存在 vector_layer 变量中。

完成修改后，就可以使用工具箱中的 Scripts→Tools→Add a script from the file（脚本→工具→根据文件添加脚本）菜单将脚本添加到处理模块中。脚本会被拷贝到处理模块选项 Processing→Options→Scripts→Script Folder（处理→选项→脚本→脚本文件夹）指定的目录中。默认情况下，脚本会显示在工具栏的 Scripts→User Scripts（脚本→用户脚本）条目下。但是，如果需要依据主题存储更多脚本，可以在脚本的开头添加如下内容：

```
##Vector=group
```

由此，脚本会被储存在 Scripts 的 Vector 子条目中。用户在添加多个脚本后会更容易理解这个操作。

在工具箱中，菜单项 Scripts→Tools→Create New Script（脚本→工具→创建新脚本）提供了一个内部编辑器用于创建或编辑 Python 脚本。需要特别说明的是，脚本编辑器会提供脚本编写帮助。这些帮助可以在每个算法窗口界面的 Help（帮助）标签下找到。

为处理模块编写的脚本可以使用 Python 语言提供的所有常用功能，也可以使用 processing.runalg 函数引用 QGIS 本身的算法。例如，统计一个多边形图层中每个实体的点数的算法如下：

```
processing.runalg('qgis:countpointsinpolygon', polygons,
points, field, output_layer)
```

第一个参数是带有前缀的算法名称，其前缀说明了算法的来源（qgis：前缀说明其是 QGIS 内部算法）。后面的参数依次是算法输入参数（一个多边形矢量图层，一个点矢量图层和一个对应点数字段名称的字符串）。最后一个参数 output_layer 是算法输出生成的矢量图层。如果要使用其他工具的算法，则需要修改第一个参数中的前缀："otb" 对应于 OTB 工具，"gdalogr" 对应于 GDAL/OGR，"saga" 对应于 SAGA GIS，"r" 对应于 R 等。QGIS 文档提供了所有算法及其参数列表，文档地址如下：http://docs.qgis.org/2.18/en/docs/user_manual/processing_algs/index.html，2020.7.22。

1.3.5 图形建模工具

空间数据处理很少只使用一种算法，通常需要有序链接多个算法。Processing（处理）模块提供了 graphic modeler（图形建模器）工具，不需要用户使用图形界面手动进行每一步操作。用户可以通过定义处理流链接多个算法，创建的模型中前一个算法的输出是后面算法的输入。通过提供处理流的全局输入/输出，模型可以用统一的方式执行，无须考虑中间定义的步骤。

图形建模器可以在 QGIS 菜单 Processing→Graphic Modeler（处理→图形建模）中找到，也可以通过浏览处理工具箱中的 Models→Tools→Create a new model（模型→工具→创建新模型）找到它。这时会打开一个由两部分组成的窗口，左边是一个列表，包含了可集成到模型中的元素；右边是处理流的图形表示，由各种加入的元素及相关的链接组成。在元素列表中，分别包含模型和算法两个选项卡。其中，算法的内容是工具箱的一份准兼容的副本，涵盖了 Processing（处理）模型中的所有算法，包括用户脚本和其他模型。新模型注册后，将会被认为是一种新的算法，在工具箱的 Templates（模板）下即可调用。因此也能像其他处理算法一样用在处理流中，即创建包含其他模型的模型。

这里通过创建一个简单模型示例，说明添加每个元素的详细步骤，解释建模器的用法。示例中使用一个多边形矢量图层作为输入，计算多边形质心以生成一个点矢量图层，然后将这个点矢量图层与另一个点矢量图层合并，输出合并后的矢量图层。

首先是提供模型的输入数据，可以是一个矢量图层、栅格图层，以及任何文件、字符串、数值、属性表等。在图形建模器的左侧单击 Inputs（输入）选项卡可以显示所有输入类型。本示例模型中，需要输入两个矢量图层：一个包含 polygon（多边形）类型的对象，另一个包含 point（点）类型的对象。

需要加入多边形矢量图层时，单击左侧的 Vector layer（矢量图层）并将其拖拽到处理流窗口的右侧。参数需要给定名称，如命名为 Polygon layer（多边形图层），然后在 Shape Type（形状类型）字段中选择 Polygon（多边形）。在 Required（必要）字段中选择 Yes 指定其为必选参数。单击 OK 后，一个表示该元素的方框就会添加到模型中。对于输入参数，此方框为蓝紫色，左上方带有"+"图标，单击方框右下角的笔形图标可以返回到元素的定义。本示例中，以相同的方式在"Shape Type"字段中选择"Point"（点）添加点矢量图层。

然后，在模型中输入多边形图层并计算其每个多边形质心。在图形建模器左侧，单击 Algorithms（算法）选项卡，即可在树状视图中寻找所需算法，但由于可用算法很多，随机查找很麻烦。在顶部的搜索区输入 centroid（质心），在 Vector geometry tools（矢量几何工具）分组中即可找到模型中需要的 Polygon centroids（多边形质心）算法。对于输入参数，单击算法并将其拖动到模型的右侧。可以自定义模型中的算法名称，并选择该算法的输入图层。请注意，在 Input layer（输入图层）字段中，建模器仅列出算法可兼容模型元素（此处为矢量图层）。此模型中的两个元素都是矢量图层，因此它们都在 Input layer 中，然后选择 Polygon layer 矢量图层。这里不需要指定输出的名称，因为该算法不输出模型的最终结果。

表示模型算法的方框与输入参数方框类似，但有一些小差异。左侧的图标代表使用的原始算法。本例使用 QGIS 的内部地理处理算法，方框上方有一个小的"In"图标，链接到算法的输入参数。这里无法展开显示不同输入（本示例仅有一个输入）的详细信息。同理，方框下方是代表输出参数的"Out"图标，可以移动这些方框以便查看。

在模型中，还需要将质心计算算法输出的结果与输入的点图层合并。在左侧搜索框中键入"merge"（合并），然后在模型中添加 Merge vector layers（合并矢量图层）算法。选择点图层作为"输入图层 1"，质心计算算法生成的图层作为"输入图层 2"。在 Merged→OutputVector（合并后→输出矢量）输出字段中，为生成的结果图层指定名称，如 Merged point layer，作为模型的输出参数。

　　模型的图形表示由不同的方框以及它们之间的链接组成。输出参数用透明的
蓝色方框和箭头图标表示。模型表示如图 1.9 所示。

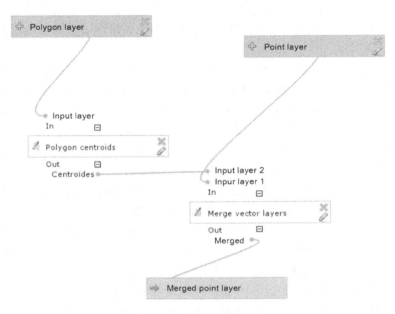

图 1.9　建模器的处理链

　　最后，保存模型并将其添加到处理工具箱中。在模型顶部需指定模型名称和
分组名称。分组名称是处理工具箱中的条目，其中包含自定义的模型。本示例中
模型名称命名为 Fusion polygons points，分组命名为 Vector processing，然后单击
窗口顶部的 Save（保存）图标，给出模板备份文件的名称（扩展名为.model）。默
认情况下，QGIS 会将文件保存在 processing→models（处理→模型）指定的目录
下。这是模型保存路径的默认设置，也可以根据需要更改该设置。

　　保存文件后，该模板将显示在 Templates（模板）下的处理工具箱中，以前面
设置的分组名作为子菜单名（示例中为 Vector processing）。右键单击模型名称可
以执行、编辑或删除该模型。当选择运行时，将打开一个窗口界面，以便用户输
入模型参数（输入、输出）。该窗口与处理模块默认算法展现的窗口相同，由 QGIS
根据模型的输入/输出参数自动生成，包括用户在模型中指定的参数名称。

　　实际上，一个模型与其他模型一样可被 QGIS 视为一种算法。因此可以在新
模型中引用现有模型。在模型编辑窗口选择左侧的算法选项卡时，可以展开
Templates 选择现有模型，将其集成到新模型中并与其他算法链接起来。创建小的
子模型，而不是将所有内容直接集成到大型模型中，优点是构建的小型模块化组

件具有良好的重用性，无须再次设置内部的操作步骤。

1.3.6 批处理

除了使用模板自动构建完整的处理链节约时间外，QGIS 处理模块还提供了另一个高效的任务自动化处理功能：批处理（图 1.10）。如果需要对多个数据集执行相同的处理，批处理可以节省更多时间。批处理可以给定所有数据集的所有输入和输出参数并同时启动处理，不必先选择第一个数据集的输入参数，等待处理结束之后再选择其他参数进行其他的数据集处理，整个过程自动完成，无须人工干预。

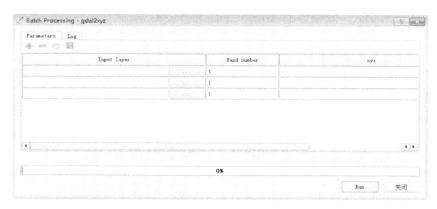

图 1.10 批处理

右键单击，然后选择 Execute by batch（批处理执行），即可启动批处理中选择的算法或模型。在再次弹出的窗口中可以给定所选算法的输入/输出参数，但与简单处理的方式有所不同。每行代表一个算法及其所有输入/输出参数的运行实例，因此可以同时指定多个数据集的参数。默认情况下可以同时处理三行数据，通过单击"+"图标可以添加更多行。每一行都可以设置是否将输出图层加载到 QGIS 中。这一操作不是必要的，因为每个数据集的处理结果都会存储在指定的输出图层中。

2

QGIS 中的 GDAL 工具

Kenji Ose

2.1 GDAL：栅格处理的"瑞士军刀"

2.1.1 GDAL 的作用

地理空间数据抽象库（GDAL）是免费、专用于读写栅格和矢量格式地理空间数据的库。弗兰克·沃默丹（Frank Warmerdam）于 1998 年发起的这个项目现在由开源地理空间基金会（OSGeo）维护。OSGeo 旨在支持和开发开源地理空间软件，已发布了众多地理空间应用程序，如 QGIS 和 GRASS GIS。

GDAL 可以运行在所有当前的操作系统中（包括类 Unix 操作系统、Windows），支持 32 位和 64 位操作系统。现在将近有 100 多个软件声明支持该组件。

2.1.2 许可证

GDAL 是一个免费的开源软件，它根据 X11/MIT[①]许可证条款分发，为用户提供以下权利：使用、复制、修改、合并、发布、分发、子许可证和/或出售副本。

GDAL 中有些模块（libpng、libjpeg、libtiff 和 libgeotiff）受许可证的限制，采用的条款略有不同。此外，一些外部和可选库通常涉及专利文件格式（如增强压缩小波"ECW"，多分辨率无缝影像数据库"MrSID"等），它们的许可证受到更严格的限制。

2.1.3 GDAL 的使用

可以通过多种解决方案使用 GDAL 实现各种用法和技能，但并非所有解决方案、模块都提供相同的功能。

---

① https://encyclopedia.thefreedictionary.com/MIT+License，2020.7.22。

2.1.3.1　GDAL API

借助 GDAL 的应用编程接口（API），可以被多种编程语言调用，如 C++、Python、R 等。通过一组标准化的类和方法可以访问所有功能。GDAL 的互联网门户（图 2.1）提供了一些使用 API 的示例，包括打开并读取影像、搜索元数据等。

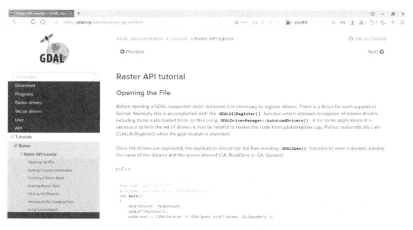

图 2.1　GDAL API 教程

通过软件文档①可以访问类和功能的描述。对于 Python 的开发人员，还有一个专用的网页②（图 2.2）。

图 2.2　GDAL Python 帮助文档

---

① https://gdal.org/api/index.html，2020.7.22。

② http://gdal.org/python/，2020.7.22。

2.1.3.2 GDAL 实用程序

GDAL 还提供了通过终端在命令行中启动的实用程序（可执行文件和 Python 脚本），这些程序旨在满足没有编程技能的用户频繁进行数据批处理的需求。

每个实用程序都可通过终端或互联网[①]访问它们的文档。这些文档主要由三个部分组成：带有摘要的命令名称、简介和说明。正确理解如何阅读文档，可以参考 gdal_translate 命令的示例，如图 2.3 所示。

gdal_translate

Converts raster data between different formats.

Synopsis

```
gdal_translate [--help-general]
    [-ot {Byte/Int16/UInt16/UInt32/Int32/Float32/Float64/
          CInt16/CInt32/CFloat32/CFloat64}] [-strict]
    [-if format]* [-of format]
    [-b band]* [-mask band] [-expand {gray|rgb|rgba}]
    [-outsize xsize[%]|0 ysize[%]|0] [-tr xres yres]
    [-r {nearest,bilinear,cubic,cubicspline,lanczos,average,mode}]
    [-unscale] [-scale[_bn] [src_min src_max [dst_min dst_max]]]* [-exponent[_bn] exp_val]*
    [-srcwin xoff yoff xsize ysize] [-epo] [-eco]
    [-projwin ulx uly lrx lry] [-projwin_srs srs_def]
    [-a_srs srs_def] [-a_ullr ulx uly lrx lry] [-a_nodata value]
    [-a_scale value] [-a_offset value]
    [-nogcp] [-gcp pixel line easting northing [elevation]]*
    [-colorinterp[_bn] {red|green|blue|alpha|gray|undefined}]
    [-colorinterp {red|green|blue|alpha|gray|undefined},...]
    [-mo "META-TAG=VALUE"]* [-q] [-sds]
    [-co "NAME=VALUE"]* [-stats] [-norat]
    [-oo NAME=VALUE]*
    src_dataset dst_dataset
```

图 2.3   gdal_translate 命令摘要示例

图 2.3 中的摘要展示了该实用程序的一般用途：在不同格式之间转换栅格数据。在实践中，使用不同的选项可以扩展处理操作的范围。因此，该实用程序也可以执行其他操作，如裁剪、重采样等。

摘要（synopsis）也称为用法（usage），是文档中最重要的部分，它展示了该命令的语法和所有可能的参数，说明如下。

（1）gdal_translate：命令名称，逻辑上应以该名称开头。

（2）[option]：在命令名称 gdal_translate 之后，可以添加参数修改该命令的执行方式。方括号[…]之间的参数是可选的。在 GDAL 中，每个参数都以连字符（-）开头，如参数-ot 可以修改影像的编码。

a. 一个选项可以具有一个或多个值，如：

a）[-stats]，不需要任何值；

b）[-mask band]，需要给出波段索引；

c）[-tr xres yres]，需要给出 x（xres）和 y（yres）方向的像素分辨率；

---

① https://gdal.org/programs/index.html，2020.7.22。

d）[-ot {Byte/Int16/UInt16/…CFloat64}]，需要从大括号中预定义列表里选择一个值；

b. 带有星号的选项表示可以重复使用，如：

[-b band]*。

（3）最后两个参数 src_dataset 和 dst_dataset 不在方括号中，因此是必选的，它们指定输入（src_dataset）和输出（dst_dataset）数据的路径。

文档的描述（description）部分说明每个参数及其功能、参数默认值和 GDAL 兼容的版本。文档结尾通常会给出一些应用示例（图 2.4）。

DESCRIPTION

The gdal_translate utility can be used to convert raster data between different formats, potentially performing some operations like subsettings, resampling, and rescaling pixels in the process.

-ot: *type*
　For the output bands to be of the indicated data type.
-strict:
　Don't be forgiving of mismatches and lost data when translating to the output format.
-of *format:*
　Select the output format. The default is GeoTIFF (GTiff). Use the short format name.
-b *band:*
　Select an input band *band* for output. Bands are numbered from 1. Multiple **-b** switches may be used to select a set of input bands to write to the output file, or to reorder bands. Starting with GDAL 1.8.0, *band* can also be set to "mask.1" (or just "mask") to mean the mask band of the first band of the input dataset.

EXAMPLE

```
gdal_translate -of GTiff -co "TILED=YES" utm.tif utm_tiled.tif
```

Starting with GDAL 1.8.0, to create a JPEG-compressed TIFF with internal mask from a RGBA dataset :

```
gdal_translate rgba.tif withmask.tif -b 1 -b 2 -b 3 -mask 4 -co COMPRESS=JPEG -co PHOTOMETRIC=YC
```

Starting with GDAL 1.8.0, to create a RGBA dataset from a RGB dataset with a mask :

```
gdal_translate withmask.tif rgba.tif -b 1 -b 2 -b 3 -b mask
```

图 2.4　gdal_translate 参数描述和应用示例

2.1.3.3　GDAL 与其他软件

将近 100 多个软件[①]支持使用 GDAL 和其他软件，如 QGIS，提供在后台启动命令的接口。但由于人机工程学的限制，开发者在 QGIS 中通常只能使用有限的选项功能。

2.1.4　GDAL 在 QGIS 中的使用方法

首先，GDAL 库是 QGIS 的基本组成部分（软件依赖项），用于正确管理不同的栅格格式及其元数据。用户在 QGIS 中打开影像并查看其属性时，不需要了解

① http://trac.osgeo.org/gdal/wiki/SoftwareUsingGdal，2020.7.22。

运行 GDAL API 的各种机制即可进行操作。

其次，QGIS 还可以访问大多数 GDAL 实用程序，能够处理、分析和修改栅格文件，包括卫星影像、航空摄影影像、数字地形模型等。可以通过两种方式调用这些工具，一种是使用 GdalTools 扩展[默认情况下已集成到 QGIS Raster（栅格）菜单中]，另一种是使用处理工具箱（Processing Toolbox）。

长期以来，GDAL 一直为习惯使用命令行和编程的用户提供服务。集成到 QGIS 后，可以通过专用接口启动 GDAL 算法并与其他软件组件进行交互。例如，用户可以调用图层面板的数据，并直接在地图画布中查看结果。GdalTools 扩展插件主要提供一次性命令编辑器，一次处理一幅影像，而处理工具箱使用批处理操作，可以设计和共享处理链，如果有更深层次的需求，还可以使用不同外部库的工作流。这两种工具的组织处理操作（投影、转换、提取、分析和其他）相似，但它们的共存也有不足之处。

由于各种原因，GdalTools 扩展插件和处理工具箱并没有集成 GDAL 提供的所有实用程序（表 2.1）。GDAL 和 QGIS 的发展是异步的，软件开发人员认为不需要为部分实用程序创建图形用户界面，因此在 QGIS 中无法执行某些 GDAL 命令，如 gdalmove 和 gdal_pansharpen.py。此外，有些命令，如 gdallocationinfo 或 gdal_calc.py，只能从处理工具箱中调用。

最后，对于 GDAL 实用程序，QGIS 中可能有多个使用入口。例如，GdalTools 扩展插件的三个功能：Assign projection（分配投影）、Translate（转换）和 Clipper（裁剪）都是调用同一个命令——gdal_translate。另外，GdalTools 扩展插件和处理工具箱提供一些相同的处理，如 Polygonize（多边形化），但这些处理并不总是采用相同的设置选项，GdalTools 可以通过手动添加缺少的选项来编辑命令行。

表 2.1　与 GDAL 命令对应的 GdalTools 扩展插件及处理工具箱命令

GDAL 命令	QGIS-GdalTools 扩展插件		QGIS-处理工具箱	
	标题	工具名	标题	工具名
gdalinfo	Miscellaneous	Information	Miscellaneous	Information
gdal_translate	Projections	Assign projection	Extraction	Clip raster by extent
	Conversion	Translate	Conversion	Convert format
	Extraction	Clipper		
gdaladdo	Miscellaneous	Build overviews	Miscellaneous	Build overviews
gdalwarp	Projections	Warp	Extraction	Clip raster by mask layer
			projections	warp

续表

GDAL 命令	QGIS-GdalTools 扩展插件		QGIS-处理工具箱	
	标题	工具名	标题	工具名
gdaltindex	Miscellaneous	Tile index	Miscellaneous	Tile index
gdalbuildvrt	Miscellaneous	Build virtual raster	Miscellaneous	Build virtual raster
gdal_contour	Extraction	Contour	Extraction	Contour
gdaldem	Analysis	DEM（digital elevation model）	Analysis	Color relief
			Analysis	Aspect
			Analysis	TPI（topographic position index）
			Analysis	Hillshade
			Analysis	Slope
			Analysis	Roughness
			Analysis	TRI（terrain ruggedness index）
rgb2pct.py	Conversion	RGB to PCT	Conversion	RGB to PCT
pct2rgb.py	Conversion	PCT to RGB	Conversion	PCT to RGB
gdal_merge.py	Miscellaneous	Merge	Miscellaneous	Merge
gdal2tiles.py*	—	—	—	—
gdal_rasterize	Conversion	Rasterize	Conversion	Rasterize（vector to raster）
			Conversion	Rasterize（write over existing raster）
gdaltransform*	—	—	—	—
nearblack	Analysis	Near black	Analysis	Near black
gdal_retile.py*	—	—	—	—
gdal_grid	Analysis	Grid	Analysis	Grid（inverse distance to a power）
			Analysis	Grid（data metrics）
			Analysis	Grid（moving average）
			Analysis	Grid（nearest neighbor）
gdal_proximity.py	Analysis	Proximity	Analysis	Proximity（raster distance）

续表

GDAL 命令	QGIS-GdalTools 扩展插件		QGIS-处理工具箱	
	标题	工具名	标题	工具名
gdal_polygonize.py	Conversion	Polygonize	Conversion	Polygonize
gdal_sieve.py	Analysis	Sieve	Analysis	Sieve
gdal_fillnodata.py	Analysis	Fill nodata	Analysis	Fill nodata
gdallocationinfo	—	—	Conversion	gdal2xyz
gdalsrsinfo	Projections	Extract projection	Projections	Extract projection
gdalmove.py*	—	—	—	—
gdal_edit.py*	—	—	—	—
gdal_calc.py	—	—	Miscellaneous	Raster calculator
gdal_pansharpen.py*	—	—	—	—
gdal-config*	—	—	—	—
gdalmanage*	—	—	—	—
gdalcompare.py*	—	—	—	—

*该应用程序在 QGIS 中没有接口，其功能的详细描述见 GDAL 网站（https://gdal.org/programs/index.html，2020.7.22）。

2.2　GDAL 工具：使用示例

2.2.1　概述

本节介绍 QGIS 中可用的 GDAL 工具，特别是 GdalTools 扩展。由于篇幅所限，本节主要目的是让读者理解接口与 GDAL 命令参数之间的联系。本节分为四个部分，第一部分描述实际示例中使用数据；第二部分重点关注读取影像元数据；第三部分介绍栅格文件的基本处理；第四部分介绍一些专门用于栅格的分析算法，尤其是由高程模型计算的相关算法。

2.2.2　使用数据

为了描述 GDAL 工具，本章的应用示例使用 2017 年 1 月 19 日获取的巴黎地区 Landsat-8 影像，读者可以从亚马逊网络服务（Amazon Web Services，AWS）网站中免费下载（表 2.2）。

表 2.2 下载 Landsat 影像

步骤	QGIS 操作
下载 Landsat 影像	（1）打开如下 AWS 网页： http://landsat-pds.s3.amazonaws.com/L8/199/026/LC81990262017019LGN00/index.html，2020.7.22。 该网页显示了所有 Landsat 光谱波段（GeoTIFF 格式）的下载链接。 （2）单击以下链接下载可见光和近红外光谱波段影像： LC81990262017019LGN00_B2.TIF（蓝色波段）； LC81990262017019LGN00_B3.TIF（绿色波段）； LC81990262017019LGN00_B4.TIF（红色波段）； LC81990262017019LGN00_B5.TIF（近红外波段）。

数字地形模型处理部分（见 2.2.5.3 节）使用航天飞机雷达地形测绘任务（Shuttle Radar Topography Mission，SRTM）获取的数据，可从 CGIAR-CSI 网站获得（表 2.3）。

表 2.3 下载数字地形模型*

步骤	QGIS 操作
下载 DTM	单击以下链接下载 SRTM 瓦片： http://srtm.csi.cgiar.org/SRT-ZIP/SRTM_V41/SRTM_Data_GeoTIFF/srtm_37_03.zip**。

*数字地形模型（digital terrain model，DTM）。

**译者注：目前该链接无法下载数据，建议读者使用 google drive 下载，地址为 https://drive.google.com/drive/folders/0B_J08t5spvd8RWRmYmtFa2puZEE，2020.7.22。读者也可以通过网络下载中国境内的 DTM 数据进行实验。

应用示例还需要使用一些矢量数据和表格，包括法国 IGN 和气象站数据（Météo France）（表 2.4）。

表 2.4 下载 GEOFLA（IGN）数据和气象观测数据
（Météo France：该网站只在法国可用）

步骤	QGIS 操作
1. 下载 GEOFLA*（IGN）	（1）打开 IGN 网站： http://professionnels.ign.fr/geofla#tab-3**。 （2）单击以下链接下载法国各省矢量文件（2016 年版，版本 2.2）： Télécharger GEOFLA® 2016 v2.2 Départements France Métropolitaine（7z de 2,7 Mo）。
2. 下载气象站数据（Météo France）	（1）打开以下 Météo France 网站： http://donneespubliques.meteofrance.fr/?fond=produit&id_produit=90&id_rubrique=32，2020.7.22。 （2）下载如下数据。 　　a. postesSynop.json：地理参考站列表(GeoJSON 格式)； 　　b. synop.201611.csv：气象站气候数据(CSV 格式)。 　　注意，对于气候数据，需要选择月份与年份（示例中为 2016 年 11 月）。

续表

步骤	QGIS 操作
2. 下载气象站数据（**Météo France**）	**Description** Données d'observations issues des messages internationaux d'observation en surface (SYNOP) circulant sur le système mondial de télécommunication (SMT) de l'Organisation Météorologique Mondiale (OMM). Paramètres atmosphériques mesurés (température, humidité, direction et force du vent, pression atmosphérique, hauteur de précipitations) ou observés (temps sensible, description des nuages, visibilité) depuis la surface terrestre. Selon instrumentation et spécificités locales, d'autres paramètres peuvent être disponibles (hauteur de neige, état du sol, etc.) Métropole et outre-mer - Fréquence : 3 h - Format : ASCII Conditions d'accès ⊕ Moyens d'accès ⊕ Documentation ⊕ Visualisation WMS ⊕ Téléchargement ⊕ Téléchargement de données archivées ⊖ Par fichiers mensuels depuis janvier 1996. Les archives mensuelles sont compressées avec gzip. Choisissez une date (format aaaamm) : 201611　Télécharger

*GEOFLA 数据库存储国家（法国）行政区划数据（包括法国大都会和海外行省）。

**译者注：目前上述网址无法找到下载链接，请转到网址 https://geoservices.ign.fr/documentation/diffusion/telechargement-donnees-libres.html，2020.7.22 下载，下载链接为 https://wxs.ign.fr/oikr5jryiph0iwhw36053ptm/telechargement/inspire/GEOFLA_THEME-DEPARTEMENTS_2016%24GEOFLA_2-2_DEPARTEMENT_SHP_LAMB93_FXX_2016-06-28/file/GEOFLA_2-2_DEPARTEMENT_SHP_LAMB93_FXX_2016-06-28.7z，2020.7.22。

2.2.3　读取影像元数据

GIS 和遥感中使用的栅格格式在文件开头包含描述性数据（也称为元数据）。这些信息有助于 GIS 软件准确定位影像的地表位置。本节说明了使用元数据的不同方式。

2.2.3.1　同一工具的三种使用方式

与大多数 GDAL 处理一样，QGIS 软件可以通过不同方式读取影像元数据（表 2.5），如下。

（1）文件属性；

（2）GdalTools 扩展插件：Miscellaneous→Information…（杂项→信息……）；

（3）处理工具箱：Miscellaneous→Information（杂项→信息）。

这些工具实际上使用相同的命令：gdalinfo，它们仅在信息呈现方式和使用记录选项上有所不同。

表 2.5 读取栅格文件头数据

步骤	QGIS 操作
1. 打开一幅影像	在 QGIS 中： 打开影像 LC81990262017019LGN00_B2.TIF。
2. 通过影像文件属性读取元数据	在图层面板中： （1）右键单击图层 LC81990262017019LGN00_B2； （2）单击 Properties（属性）。 在 Layer Properties（图层属性）窗口中： （1）单击 Metadata（元数据）图标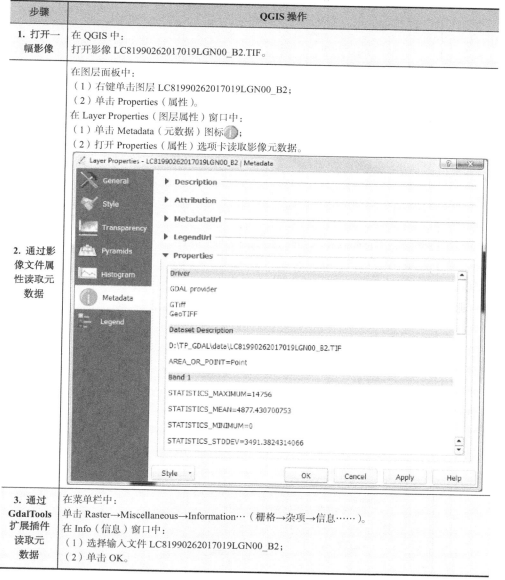； （2）打开 Properties（属性）选项卡读取影像元数据。
3. 通过 **GdalTools** 扩展插件读取元数据	在菜单栏中： 单击 Raster→Miscellaneous→Information…（栅格→杂项→信息……）。 在 Info（信息）窗口中： （1）选择输入文件 LC81990262017019LGN00_B2； （2）单击 OK。

步骤	QGIS 操作
3. 通过 GdalTools 扩展插件 读取元 数据	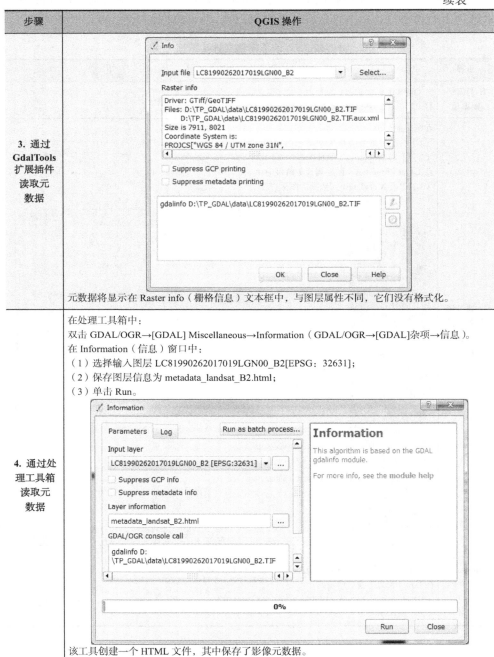 元数据将显示在 Raster info（栅格信息）文本框中，与图层属性不同，它们没有格式化。
4. 通过处 理工具箱 读取元 数据	在处理工具箱中： 双击 GDAL/OGR→[GDAL] Miscellaneous→Information（GDAL/OGR→[GDAL]杂项→信息）。 在 Information（信息）窗口中： （1）选择输入图层 LC81990262017019LGN00_B2[EPSG：32631]； （2）保存图层信息为 metadata_landsat_B2.html； （3）单击 Run。 该工具创建一个 HTML 文件，其中保存了影像元数据。

步骤	QGIS 操作
5. 对应的 GDAL 命令	使用上述工具等效于在终端执行以下命令： 　　　　　`>gdalinfo LC81990262017019LGN00_B2.TIF` 一些常用选项如下。 （1）[-json]：以 json 格式显示元数据； （2）[-mm]：强制计算数据集中每个波段的最小/最大值； （3）[stats]：强制计算影像统计数据； （4）[-hist]：提供所有直方图信息。 更多信息参见网址：http://gdal.org/gdalinfo.html，2020.7.22。

2.2.3.2　元数据描述

根据数据文件格式（GeoTIFF、Jpeg2000 等）的不同，存储在文件头中的元数据呈现的内容可能有所不同。以 Landsat 的第二个波段为例，GeoTIFF 格式的元数据至少包含如图 2.5 所示的详细信息。

1）文件格式
格式：Gtiff/GeoTIFF
2）文件路径
文件：D:/.../LC81990262017019LGN00_B2.TIF
3）影像尺寸（以像素为单位）
大小：7911，8021
4）空间参考系统
坐标系：
PROJCS["WGS 84/UTM zone 31N",
[…]
5）影像原点（左上方）
原点=(332085.000000000000000,5532615.000000000000000)
6）像素大小，以空间参考系统单位（示例中单位为 m）表示
像素大小=(30.000000000000000,-30.000000000000000)
7）边界框
角坐标：
左上(332085.000,5532615.000)(0d39′38.42″E,49d55′20.27″N)
左下(332085.000,5291985.000)(0d45′33.62″E,47d56′30.70″N)
右上(569415.000,5532615.000)(3d58′2.70″E,49d56′30.70″N)
右下(569415.000,5291985.000)(3d55′35.68″E,47d46′38.95″N)
中心(450750.000,5412300.000)(2d19′42.64″E,48d51′42.15″N)
8）数据类型
类型=Uint16

图 2.5　GDAL 元数据描述

元数据通常具有更丰富的信息，特别是多光谱影像，每个波段都有元数据。更多信息可参阅 GDAL 数据模型网站：https://gdal.org/user/raster_data_model.html，2020.7.22。

2.2.4 栅格文件的基本处理

2.2.4.1 修改投影系统

可以使用 gdalwarp 命令修改影像的投影系统，又称为"重投影"。由于涉及影像几何调整和重采样，该处理可能会导致严重的后果。不同的选项会影响影像尺寸、空间分辨率和像素值。投影变换见表 2.6。

表 2.6 投影变换

步骤	QGIS 操作

1. 重投影	示例的目的是变换影像的投影系统为 Lambert 93（RGF 93）投影。
	在菜单栏中：
	单击 Raster→Projections→Warp（Reproject）[栅格→投影→变换（重投影）]。
	在 Warp（Reproject）窗口中：
	（1）设置如下。
	  a. Input file（输入文件）为 LC81990262017019LGN00_B2；
	  b. Output file（输出文件）为 LC81990262017019LGN00_B2_L93_TEST.TIF；
	  c. Source SRS（源 SRS）为 EPSG:32631；
	  d. Target SRS（目标 SRS）为 EPSG:2154。
	（2）单击 OK。
	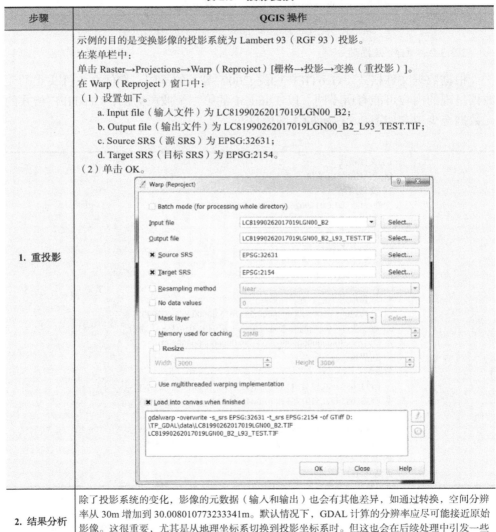

2. 结果分析	除了投影系统的变化，影像的元数据（输入和输出）也会有其他差异，如通过转换，空间分辨率从 30m 增加到 30.008010773233341m。默认情况下，GDAL 计算的分辨率应尽可能接近原始影像。这很重要，尤其是从地理坐标系切换到投影坐标系时。但这也会在后续处理中引发一些问题。

步骤	QGIS 操作
3. 重投影设置	本次操作的目的是在保持输入影像空间分辨率（30m）不变的情况下进行影像重投影。 在菜单栏中： 单击 Raster→Projections→Warp (Reproject)…。 在 Warp（变换）窗口中： （1）设置如下。 　　a. Input file（输入文件）为 LC81990262017019LGN00_B2； 　　b. Output file（输出文件）为 LC81990262017019LGN00_B2_L93.TIF； 　　c. Source SRS（源 SRS）为 EPSG:32631； 　　d. Target SRS（目标 SRS）为 EPSG:2154。 （2）单击 EDIT（编辑）按钮 ✎。 （3）在命令行的编辑字段中插入 "-tr 30 30"。 （4）单击 OK。

步骤	QGIS 操作	
4. 处理 Landsat 光谱波段	（1）对其他 Landsat 光谱波段根据步骤 3 重复处理。 （2）将输出结果命名如下：	

输入影像名称	输出影像名称
LC81990262017019LGN00_B3.TIF	LC81990262017019LGN00_B3_L93.TIF
LC81990262017019LGN00_B4.TIF	LC81990262017019LGN00_B4_L93.TIF
LC81990262017019LGN00_B5.TIF	LC81990262017019LGN00_B5_L93.TIF

步骤	QGIS 操作

5. 对应的 GDAL 命令	上面使用的工具等效于在终端执行以下命令：
	`>gdalwarp -s_srs EPSG:32631 -t_srs EPSG:2154 -of GTiff -tr 30 30`
	`  LC81990262017019LGN00_B2.TIF LC81990262017019LGN00_B2_L93.TIF`
	其中：
	（1）[-s_srs]可以描述源空间参考；
	（2）[-t_srs]可以描述目标空间参考；
	（3）[-of]可以设置输出格式；
	（4）[-tr]可以设置输出文件的分辨率（以 s_srs 的度量单位为单位）。
	一些常用选项如下：
	（1）[-te xmin ymin xmax ymax]为指定输出影像的空间范围；
	（2）[-ts width height]为设置输出文件的大小（以像素为单位）；
	（3）[-r]为设置所用的重采样方法。
	　　注意，除了邻近（最邻近）重采样方法，其他重采样方法会改变像素值。
	（1）[-dstnodata]：设置表示无数据（no data）的值；
	（2）[-cutline]：使用矢量数据裁剪输出影像。
	更多信息可以参阅以下网站：http://www.gdal.org/gdalwarp.html，2020.7.22。

2.2.4.2　影像裁剪

影像裁剪的目的是根据空间范围或矢量数据裁剪影像。根据选择的不同选项，GdalTools 工具使用不同的 GDAL 命令（表 2.7）。

表 2.7 影像裁剪

步骤	QGIS 操作
1. 打开影像	在 QGIS 中： （1）打开在 2.2.4.1 节创建的影像 LC81990262017019LGN00_B2_L93.TIF； （2）打开矢量文件 DEPARTEMENT.shp，其中存储了法国各个省的行政边界（多边形）。
2. 根据空间范围裁剪影像	这一步的目的是根据空间范围裁剪影像。空间范围是由两个坐标[西北角（左上角）和东南角（右下角）]定义的矩形。如果该矩形与输入像素没有对齐，在最邻近重采样的情况下（默认情况），输出影像会有所偏移。 在菜单栏中： 单击 Raster→Extraction→Clipper…（栅格→抽取→裁剪……）。 在 Clipper（裁剪）窗口中： （1）设置如下。 　　a. Input file（输入文件）为 LC81990262017019LGN00_B2_L93_CLIP.TIF； 　　b. Clipping mode（裁剪模式）为 Extent； 　　c. Extent coordinates（范围坐标）如下。 　　　　$x=630000$；$y=6872000$（左上角） 　　　　$x=647000$；$y=6853000$（右下角） 注意，也可以在 QGIS 的地图画布中绘制范围。 （2）单击 OK。
3. 结果分析	与重投影一样，clipper（裁剪）命令可能会改变输出的空间分辨率。指定空间范围的坐标并非全部为 30 的倍数，因此 x 方向的输出分辨率为 29.9824m，y 方向的输出分辨率为 29.9685m。使用-tr 选项可以解决这个问题。
4. 对应的 GDAL 命令	上面使用的工具等效于在终端执行以下命令： `>gdal_translate -projwin 630000.0 6872000.0 647000.0 6853000.0 -of GTiff LC81990262017019LGN00_B2_L93.TIF LC81990262017019LGN00_B2_L93_CLIP.TIF` 其中： （1）[-projwin ulx uly lrx lry]为指定范围的左上角和右下角坐标； （2）[-of]为设置输出格式。 一些常用选项如下： （1）[-tr xres yres]可以设置输出文件的分辨率； （2）[-r]可以设置所用的重采样方法。 更多信息参阅以下网站：http://www.gdal.org/gdal_translate.html，2020.7.22。

5. 根据矢量文件裁剪影像	这一步的目的是根据法国第 75 省（巴黎）的行政区划裁剪影像。与之前的裁剪方式不同，这次裁剪使用 gdalwarp 命令。
	在 QGIS 中：
	（1）选择与巴黎对应的 DEPARTEMENT 图层多边形。
	　　　`"NOM_DEPT" = 'PARIS'`
	　　　或者
	　　　`"CODE_DEPT" = '75'`
	（2）将选择的多边形保存为 DEPARTMENT_PARIS.shp。

28

续表

步骤	QGIS 操作

5. 根据矢量文件裁剪影像	在菜单栏中：
	单击 Raster→Extraction→Clipper…（栅格→抽取→裁剪……）。
	在 Clipper（裁剪）窗口中：
	（1）设置如下。
	    a. Input file（输入文件）为 LC81990262017019LGN00_B2_L93；
	    b. Output file（输出文件）为 LC81990262017019LGN00_B2_L93_CLIP_PARIS.TIF；
	    c. Clipping mode（裁剪模式）为 Mask layer；
	    d. Mask layer（掩膜图层）为 DEPARTMENT_PARIS。
	（2）勾选选项 "Crop the extent of the target dataset to the extent of the cutline"（将目标数据集的范围裁剪为裁剪线规定的范围）。
	（3）勾选选项 "Keep resolution of input raster"（保持输入栅格的分辨率不变）。
	（4）单击 OK。

6. 结果分析	根据矢量图层范围裁剪得到输出影像，多边形范围外的所有像素值均为 0，空间分辨率仍为 30m

7. 对应的 GDAL 命令	上面使用的 Clipper（裁剪）工具等效于在终端执行如下命令：
	`>gdalwarp -cutline DEPARTMENT_PARIS.shp -crop_to_cutline -tr 30.0 30.0`
	`                                                              -of GTiff`
	`LC81990262017019LGN00_B2_L93.TIF LC81990262017019LGN00_B2_L93_CLIP_PARIS.TIF`
	其中：
	（1）[-tr]可以设置输出文件的分辨率；
	（2）[-of]可以设置输出格式；
	（3）[cutline]可以使用矢量文件中的混合裁剪线；
	（4）[-crop_to_cutline]可以将目标数据集的范围裁剪为裁剪线规定的范围。
	更多信息可以参阅以下网站：http://www.gdal.org/gdalwarp.html，2020.7.22。

2.2.4.3 栅格合并

栅格合并操作对应于执行 gdal_merge.py 命令。术语 "合并"（merging）有两种不同的应用目的：一是将波段叠加到同一文件中（图层叠加），二是创建镶嵌相邻影像。

1）光谱波段叠加

创建多波段栅格文件见表 2.8。

表 2.8 创建多波段栅格文件

步骤	QGIS 操作
1. 打开影像	在 QGIS 中打开以下影像： （1）LC81990262017019LGN00_B2_L93.TIF； （2）LC81990262017019LGN00_B3_L93.TIF； （3）LC81990262017019LGN00_B4_L93.TIF； （4）LC81990262017019LGN00_B5_L93.TIF。
2. 波段叠加	这一步的目的是将影像叠加到单个文件。 在菜单栏中：

步骤	QGIS 操作
2. 波段叠加	单击 Raster→Miscellaneous→Merge…（栅格→杂项→合并……）。 在 Merge（合并）窗口中： （1）设置如下。 Input files（输入文件）为选中 QGIS 中显示的影像。 　　注意，通过依次选择波段 B2～B5，输出文件顺序如下。 　　a. 波段 1 为蓝色（B2）； 　　b. 波段 2 为绿色（B3）； 　　c. 波段 3 为红色（B4）； 　　d. 波段 4 为近红外（B5）。 Output file（输出文件）为 LC81990262017019LGN00_MS_L93.TIF。 （2）勾选选项 "Place each input file into a separate band"（每个输入文件为一个单独的波段）。 （3）单击 OK。
3. 结果分析	结果是具有四个光谱波段的 GeoTIFF 文件。这种类型的多波段文件可以用于 QGIS 中显示彩色合成影像，也是进行一些影像处理的前提。

4. 对应的 GDAL 命令	上面使用的工具等效于在终端执行以下命令：
	``
	>gdal_merge.bat -separate -of GTiff -o
	  LC81990262017019LGN00_MS_L93.TIF
	  LC81990262017019LGN00_B2_L93.TIF
	  LC81990262017019LGN00_B3_L93.TIF
	  LC81990262017019LGN00_B4_L93.TIF
	  LC81990262017019LGN00_B5_L93.TIF
	``
	其中：
	（1）[-of]可以设置输出格式；
	（2）[-separate]可以设置每个输入文件为一个单独的波段；
	（3）[-o]可以设置输出文件名。
	一些常用选项如下：
	（1）[-ps pixelsize_x pixelsize_y]可以设置输出文件的分辨率；
	（2）[-ul_lr ulx uly lrx lry]可以指定输出影像的空间范围。
	注意，gdal_merge 命令应输入具有相同坐标系的影像，但这些影像可以有不同的空间范围和分辨率。
	更多信息可以参阅以下网站：http://www.gdal.org/gdal_merge.html，2020.7.22。

2）影像镶嵌

创建镶嵌影像见表 2.9。

表 2.9　创建镶嵌影像

步骤	QGIS 操作
1. 打开影像	在 QGIS 中打开如下影像： （1）LC81990262017019LGN00_B2_L93_CLIP.TIF； （2）LC81990262017019LGN00_B2_L93_CLIP_PARIS.TIF。 显示的两个相邻影像有少许重叠。
2. 影像镶嵌	这一步的目的是生成两幅输入影像的镶嵌影像。 在菜单栏中： 单击 Raster→Miscellaneous→Merge…（栅格→杂项→合并……）。

续表

步骤	QGIS 操作
2. 影像镶嵌	在 Merge（合并）窗口中： （1）设置如下。 　　a. Input files（输入文件）为上一步打开的两幅影像； 　　b. Output file（输出文件）为 LC81990262017019LGN00_MOSA.TIF； 　　c. 勾选选项 No data value（表示没有数据的值），然后输入 0。 （2）单击 OK。
3. 结果分析	结果是两幅输入影像的镶嵌影像。通过考虑无数据的值，可以将值为 0 的像素"透明"化。输出的空间分辨率取决于 gdal_merge 命令中指定输入的第一幅影像，如果此影像为 LC81990262017019LGN00_B2_L93_CLIP.TIF，则输出像素的大小在 x 方向为 29.9824m，在 y 方向为 29.9685m。为另一幅影像时，在 x 和 y 方向均为 30m。 　　· LC81990262017019LGN · LC81990262017019L 　　　00_B2_L93_CLIP.TIF GN00_MOSA.TIF 　　· LC81990262017019LGN 　　　00_B2_L93_CLIP_PARIS.TIF

4. 对应的 GDAL 命令	上面使用的工具等效于在终端执行以下命令：
	`>gdal_merge -n 0 -a_nodata 0 -of GTiff -o LC81990262017019LGN00_`
	`                    MOSA.tif`
	`         LC81990262017019LGN00_B2_L93_CLIP.TIF`
	`       LC81990262017019LGN00_B2_L93_CLIP_PARIS.TIF`
	其中：
	（1）[-of]为设置输出格式；
	（2）[-o]为设置输出文件名称；
	（3）[-n]为设置合并时应忽略的像素值；
	（4）[-a_nodata]为指定输出文件中表示 nodata 的值。
	注意，所有输入影像必须具有相同的波段数。
	更多信息可以参阅网站：http://www.gdal.org/gdal_merge.html，2020.7.22。

2.2.4.4　使用虚拟栅格（VRT 格式文件）减轻工作负担

GdalTools 扩展插件中的 Merge（合并）工具使用了 gdal_merge 命令，有时会生成大型栅格文件。GDAL 通过创建虚拟数据集或 VRT 格式文件提供了另一种合并策略，这种虚拟格式可以通过使用算法（改变投影、空间分辨率等）即时组装异构的栅格数据，使这些数据能够相互合并。VRT 格式文件是由 GDAL 解译的 XML 文件，因此存储起来十分轻便（表 2.10）。

表 2.10　VRT 格式文件的使用

步骤	QGIS 操作
1. 打开用于叠加的影像	在 QGIS 中只打开如下影像： （1）LC81990262017019LGN00_B2_L93.TIF； （2）LC81990262017019LGN00_B3_L93.TIF； （3）LC81990262017019LGN00_B4_L93.TIF； （4）LC81990262017019LGN00_B5_L93.TIF。
2. 叠加波段	这一步的目的是将影像叠加到单个 VRT 格式文件。 在菜单栏中： 单击 Raster→Miscellaneous→Build Virtual Rasterl（Catalog）…[栅格→杂项→构建虚拟栅格（编目）……]。 在 Build Virtual Raster（构建虚拟栅格）窗口中： （1）勾选选项 "Use visible raster layers for input"（使用可见栅格图层作为输入）。 处理输出的波段顺序与 QGIS 图层面板中显示的顺序一致，应按波段编号升序排列 Landsat-8 文件。 （2）设置如下： 　　a. Output file（输出文件）为 LC81990262017019LGN00_MS_L93.VRT； 　　b. 勾选选项 "Separate"（单独）。 （3）单击 OK。
3. 打开用于镶嵌的影像	在 QGIS 中： （1）移除所有数据。 （2）只打开如下影像。 　　a. LC81990262017019LGN00_B2_L93_CLIP.TIF； 　　b. LC81990262017019LGN00_B2_L93_CLIP_PARIS.TIF。
4. 影像镶嵌	这一步的目的是将输入影像镶嵌到一个单独的 VRT 格式文件。 在菜单栏中： 单击 Raster→Miscellaneous→Build Virtual Rasterl（Catalog）…[栅格→杂项→构建虚拟栅格（编目）……]。 在 Build Virtual Raster（构建虚拟栅格）窗口中： （1）勾选选项 "Use visible raster layers for input"（使用可见的栅格图层作为输入）。 （2）设置如下。 　　a. Output file（输出文件）为 LC81990262017019LGN00_MOSA.VRT； 　　b. 勾选选项 "Source No Data"（数据源无数据），然后输入 0。 （3）单击 OK。
5. 结果分析	创建的 VRT 格式文件在显示设备上显示的结果与使用 gdal_merge 命令获得的结果相同（见 2.2.4.3 节），但是，它们的创建方法不同，构建虚拟栅格时只是生成引用输入数据的 XML 文件，而不是生成新的影像文件。实际上，VRT 格式文件的数据量很小，如下表所示： 表格见下方 VRT 格式文件是具有如下结构的 XML（扩展标记语言）：

方法	QGIS 工具	
	Merge（合并） （gdal_merge）	VRT Catalog（VRT 编目） （gdalbuildvrt）
图层叠加	文件名： LC81990262017019LGN00_MS_L93.tif 数据大小：496610 KB	文件名： LC81990262017019LGN00_MS_L93.vrt 数据大小：12 KB
镶嵌	文件名： LC81990262017019LGN00_MOSA.tif 数据大小：1279 KB	文件名： LC81990262017019LGN00_MOSA.vrt 数据大小：5 KB

续表

步骤	QGIS 操作

5. 结果分析	```xml
	<VRTDataset rasterXSize="1031" rasterYSize="634">
	  <SRS>PROJCS["RGF93 / Lambert-93",...,AUTHORITY["EPSG","2154"]]</SRS>
	  <GeoTransform> 6.30e+005, 2.99e+001, 0.00e+000, 6.87e+006, 0.00e+000, -2.99e+001
	  <VRTRasterBand dataType="UInt16" band="1">
	    <Metadata>
	      <MDI key="STATISTICS_MAXIMUM">12254</MDI>
	      <MDI key="STATISTICS_MEAN">7308.5879982776</MDI>
	      <MDI key="STATISTICS_MINIMUM">7004</MDI>
	      <MDI key="STATISTICS_STDDEV">195.73057573895</MDI>
	    </Metadata>
	    <NoDataValue>0</NoDataValue>
	    <ColorInterp>Gray</ColorInterp>
	    <ComplexSource>
	    <SourceFilenamerelativeToVRT="0">LC81990262017019LGN00_B2_L93_CLIP_PARIS.TIF
	      <SourceBand>1</SourceBand>
	      <SourceProperties RasterXSize="595" RasterYSize="319" DataType="UInt16"
	      <SrcRect xOff="0" yOff="0" xSize="595" ySize="319">
	      <DstRect xOff="435.981487798012" yOff="164.586533372877" xSize="595.1749
	      <NODATA>0</NODATA>
	    </ComplexSource>
	    <ComplexSource>
	      <SourceFilename relativeToVRT="0">LC81990262017019LGN00_B2_L93_CLIP.TIF<
	      <SourceBand>1</SourceBand>
	      <SourceProperties RasterXSize="567" RasterYSize="634" DataType="UInt16"
	      <SrcRect xOff="0" yOff="0" xSize="567" ySize="634" />
	      <DstRect xOff="0" yOff="0" xSize="566.833284328139" ySize="633.666491320
	      <NODATA>0</NODATA>
	    </ComplexSource>
	  </VRTRasterBand>
	</VRTDataset>
	``
	
	根元素 VRTDataset 对应于输出影像的描述，其中 rasterXSize 和 rasterYSize 属性表示以像素为单位的尺寸。它包含几个与投影系统（SRS）、仿射变换（GeoTransform）、每个波段特征（VRTRasterBand）等相关的子元素。
	更多信息可以参阅以下网站中的 VRT 格式文件说明：http://www.gdal.org/gdal_vrttut.html，2020.7.22。

6. 对应的 GDAL 命令	上面使用的工具等效于在终端执行以下命令。
	（1）波段叠加：
	``
	gdalbuildvrt -separate LC81990262017019LGN00_MS_L93.VRT
	        LC81990262017019LGN00_B2_L93.TIF
	        LC81990262017019LGN00_B3_L93.TIF
	        LC81990262017019LGN00_B4_L93.TIF
	        LC81990262017019LGN00_B5_L93.TIF
	``
	（2）影像镶嵌：
	``
	gdalbuildvrt -srcnodata 0 LC81990262017019LGN00_MOSA.VRT
	        LC81990262017019LGN00_B2_L93_CLIP.TIF
	        LC81990262017019LGN00_B2_L93_CLIP_PARIS.TIF
	``
	其中：
	（1）[-separate]可以设置每个输入文件为单一波段；
	（2）[-srcnodata]可以设置合并时应忽略的像素值。
	一些常用选项如下：
	（1）[-resolution] 或 [-tr *xres yres*]可以设置输出文件的分辨率；
	（2）[-te *xmin ymin xmax ymax*]可以指定输出影像的空间范围；
	（3）[-r]可以设置要使用的重采样方法。
	更多信息可以参阅网站：http://www.gdal.org/gdalbuildvrt.html，2020.7.22。

2.2.5 分析算法

2.2.5.1 数据栅格化和插值

矢量数据转换为栅格的方式有多种，最简单的方式是将矢量几何图形（点、线或多边形）转置到栅格上，并在必要时赋予属性值。另外的方式是通过统计算子（statistical operator）在规则网格中内插点数据（如现场测量）（表 2.11）。以下各节中相关图表的彩色版本参阅：http://www.iste.co.uk/baghdadi/qgis1.zip，2020.7.22。

表 2.11　栅格化与插值

步骤	QGIS 操作
1. 准备气候数据	在 QGIS 中只打开如下文件： （1）postesSynop.json； （2）synop.201611.csv。 这一步的目的是将表格 synop.201611.csv 中字段 "t" [温度单位：开尔文（Kelvin）]链接到矢量文件 postesSynop.json，然后仅保留法国大都市的站点。 在图层面板中： （1）右键单击图层 postesSynop； （2）单击 Properties（属性）。 在 Layer Properties（图层属性）窗口中： （1）单击 Joins（连接）标签； （2）单击 ⊕ 按钮，添加矢量连接。 在 Add vector join（添加矢量连接）窗口中： （1）设置如下。 　　a. Join layer（连接图层）为 synop.201611； 　　b. Join field（连接字段）为 abc numer_sta； 　　c. Target field（目标字段）为 abc ID； 　　d. 勾选选项 "Choose which fields are joined"（选择连接的字段），然后选择字段 "t"。 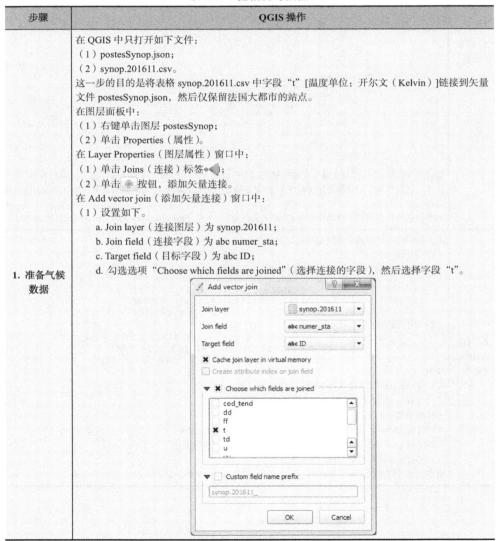

步骤	QGIS 操作
1. 准备气候数据	在 QGIS 中： （1）选择 postesSynop 图层的站点，它们位于法国大都市中（ID 以 "0" 开头）。 <div style="text-align:center">`left("ID" , 1) = '0'`</div> （2）将选择的图层使用 Lambert 93/RGF93 投影保存为 fr_temperature.shp。 字段 "t" 以文本格式连接，因此应将其转换为十进制数值。 在 QGIS 中： 创建一个名为 "tempKelvin" 的新字段，字段类型为十进制数字（长度：10，精度：2），然后复制 "t" 字段的值。 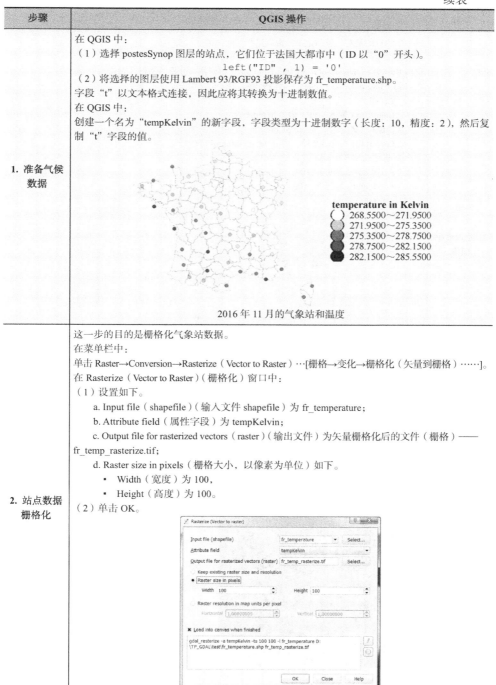 **temperature in Kelvin** 268.5500~271.9500 271.9500~275.3500 275.3500~278.7500 278.7500~282.1500 282.1500~285.5500 <div style="text-align:center">2016 年 11 月的气象站和温度</div>
2. 站点数据栅格化	这一步的目的是栅格化气象站数据。 在菜单栏中： 单击 Raster→Conversion→Rasterize（Vector to Raster）…[栅格→变化→栅格化（矢量到栅格）……]。 在 Rasterize（Vector to Raster）（栅格化）窗口中： （1）设置如下。 　　a. Input file（shapefile）（输入文件 shapefile）为 fr_temperature； 　　b. Attribute field（属性字段）为 tempKelvin； 　　c. Output file for rasterized vectors（raster）（输出文件）为矢量栅格化后的文件（栅格）——fr_temp_rasterize.tif； 　　d. Raster size in pixels（栅格大小，以像素为单位）如下。 　　　• Width（宽度）为 100， 　　　• Height（高度）为 100。 （2）单击 OK。

步骤	QGIS 操作
3. 站点数据 插值	这一步的目的是对气象站记录的温度进行空间内插。 在菜单栏中： 单击 Raster→Analysis→Grid（Interpolation）…[栅格→分析→网格（内插）……]。 在 Grid（Interpolation）[网格（插值）]窗口中： （1）设置如下。 　　a. Input file（输入文件）为 fr_temperature； 　　b. Z field（Z 字段）为 tempKelvin； 　　c. Output file（输出文件）为 fr_temp_interpol.tif； 　　d. 选中选项 "Resize"（调整大小）。 　　　▪ Width（宽度）：100， 　　　▪ Height（高度）：100。 （2）单击 OK。 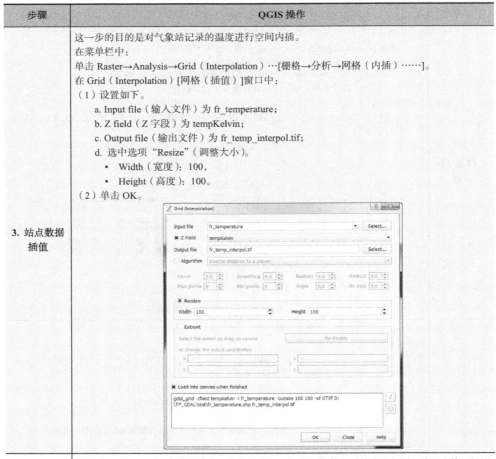
4. 结果分析	影像 fr_temp_rasterize.tif 和 fr_temp_interpol.tif 都是 100 像素×100 像素的规则网格。在第一幅影像（a）中，每个非空像素表示记录的温度和气象站位置，空像素表示没有这些信息。在第二幅影像（b）中，使用反距离权重填充所有像素。因此，栅格化不是插值。 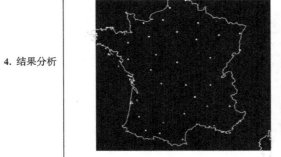　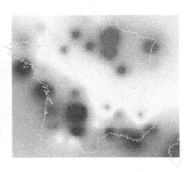 （a）气象站的栅格化影像（一点=一站）　　　（b）站点温度记录的空间插值

续表

步骤	QGIS 操作

5. 对应的 GDAL 命令	上面使用的工具等效于在终端执行以下命令。
	栅格化：
	
	`gdal_rasterize -a tempKelvin -ts 100 100 -l france_temperature`
	`france_temperature.shp`
	`fr_temp_rasterize.tif`
	
	其中：
	（1）[-a]可以指定一个作为原始值的属性字段；
	（2）[-ts]可以设置输出文件的大小（以像素为单位）；
	（3）[-l]可以指定要使用的矢量图层。
	更多信息参阅网站：http://www.gdal.org/gdal_rasterize.html，2020.7.22。
	插值：
	`gdal_grid -zfield tempKelvin -l france_temperature -outsize 100 100  -of`
	`GTiff fr_temperature.shp`
	`fr_temp_interpol.tif`
	
	其中：
	（1）[-zfield]可以指定一个用于计算插值的属性字段；
	（2）[-outsize]可以设置输出文件大小（以像素为单位）；
	（3）[-of]可以设置输出格式；
	（4）[-l]可以指定要使用的矢量图层。
	一些常用选项如下：
	[-a]可以设置插值算法。
	更多信息参阅网站：http://www.gdal.org/gdal_grid.html，2020.7.22。

2.2.5.2　构建距离图

距离图（或邻近图）是一种根据栅格衍生的影像图，其中展示了每个像素与最邻近目标像素的距离。在 fr_temp_rasterize 影像中，气象站可以标识为目标像素。距离计算见表 2.12。

表 2.12　距离计算

步骤	QGIS 操作
1. 打开影像	在 QGIS 中只打开如下文件： fr_temp_rasterize.tif。
2. 距离计算	在菜单栏中： 单击 Raster→Analysis→Proximity（Raster Distance）…[栅格→分析→邻近（栅格距离）……]。 在 Proximity（邻近）窗口： （1）设置如下。 　　a. Input file（输入文件）为 fr_temp_rasterize.tif； 　　b. Output file（输出文件）为 fr_temp_distance.tif； 　　c. Dist units（距离单位）为 GEO。 （2）单击 OK。

续表

步骤	QGIS 操作
3. 结果分析	邻近计算需要输入栅格影像，本示例中，所有非零像素均被视为目标。算法会为每个像素分配一个距离，其单位取决于投影系统，是相对于最近目标像素中心的距离。默认情况下，结果值在 QGIS 中为灰色，从黑色（表示零距离）变化到白色（表示最大距离）。 (a) 气象站的栅格化（一点=一站）　　(b) 距离图（黑色：表示零距离，白色：表示最大距离）
4. 对应的 GDAL 命令	上面使用的工具等效于在终端执行以下命令： `gdal_proximity fr_temp_rasterize.tif fr_temp_distance.tif -distunits GEO -of GTiff` 其中： （1）[-distunits]可以指定距离单位，应以像素[PIXEL]还是地理参考坐标[GEO]为单位； （2）[-of]可以设置输出格式。 一些常用选项如下： [-maxdist *n*]可以设置要生成的最大距离，大于该值的像素会被赋予无数据值。 更多信息可参阅网站：http://www.gdal.org/gdal_proximity.html，2020.7.22。

2.2.5.3　处理数字地形模型

gdaldem 命令专门用于进行数字地形模型分析，可以提供 7 种产品：山体阴影、坡度、坡向、彩色地势、地形起伏指数（terrain ruggedness index，TRI）、地形位置指数（terrain position index，TPI）和地形起伏图。

1）准备数字地形模型

SRTM 数据使用 WGS84 坐标系，坐标以度（纬度、经度）为单位，高度以 m 为单位。默认情况下，gdaldem 应用程序假定 *x*、*y* 和 *z* 轴的单位相同，因此，建议将该栅格重新投影到 Lambert 93 投影系统。准备 DTM 见表 2.13。

表 2.13　准备 DTM

步骤	QGIS 操作
1. 打开 DTM	在 QGIS 中只打开以下文件： srtm_37_03.tif。

步骤	QGIS 操作
2. 重投影	这一步的目的是通过指定重采样方法（三次）和输出空间分辨率（90m）进行 DTM 变换。 在菜单栏中： 单击 Raster→Projections→Warp（Reproject）…[栅格→投影→变换（重投影）……]。 在 Warp（变换）窗口中： （1）设置如下。 　　a. Input file（输入文件）为 srtm_37_03； 　　b. Output file（输出文件）为 srtm_37_03_l93.tif； 　　c. Source SRS（源 SRS）为 EPSG:4326； 　　d. Target SRS（目标 SRS）为 EPSG:2154。 （2）单击 Edit（编辑）🖉 按钮。 （3）在命令行的编辑字段中插入选项为-tr 90 90。 （4）单击 OK。

2）坡度和坡向

坡度是数字地形模型的一阶导数，根据像素在 x 和 y 方向上的变化率估计（图 2.6），它以度或百分比表示。坡向对应于坡度的方向。QGIS 提供了两种实现方法：Zevenbergen 和 Thorne [ZEV 87]、Horn [HOR 81]，后者是 QGIS 的默认设置。

	a	b	c	x 和 y 方向的变化率 D_x 和 D_y 计算如下： $D_x = [(c + 2f + i) - (a + 2d + g)]/(8 \times res\_pixel)$ $D_y = [(g + 2h + i) - (a + 2b + c)]/(8 \times res\_pixel)$ 其中 res_pixel 是栅格的空间分辨率。 在示例中，D_x 和 D_y 等于： $D_x = [(376 + 2 \times 398 + 410) - (368 + 2 \times 377 + 400)]/(8 \times 90)$ $D_y = [(400 + 2 \times 406 + 410) - (368 + 2 \times 369 + 376)]/(8 \times 90)$
	d	e	f	
	g	h	i	

坡度计算
（1）以弧度为单位：
slope_rad = atan$[(D_x^2 + D_y^2)^{0.5}]$
slope_rad = 0.2085
（2）以度为单位：
slope_deg = pente_rad × 180/π
slope_deg = 11.94°

坡向计算
（1）以弧度为单位：
expo_rad = atan2$(D_y, -D_x)$
expo_rad = 1.976
（2）以度（三角形角度）为单位：
expo_deg = expo_rad × 180/π
expo_deg = 113.198°
（3）转换为方位角：
如果 expo_deg>90 则
expo_azimut = 450 − expo_deg。
否则
expo_azimut = 90 − expo_deg。
因此
expo_azimut = 450 − 113.198，
expo_azimut = 336.80°，也就是 NNW 方向

368	369	376
377	386	398
400	406	410

图 2.6　坡度和坡向计算示例

根据 DTM 计算坡度和坡向见表 2.14。

表 2.14　根据 DTM 计算坡度和坡向

步骤	QGIS 操作
1. 打开 DTM	在 QGIS 中只打开以下文件： srtm_37_03_l93.tif。
2. 坡度计算	在菜单栏中： 单击 Raster→Analysis→DEM（Terrain Models）…[栅格→分析→DEM（地形模型）……]。 在 DEM 窗口中： （1）设置如下。 　　a. Input file（输入文件）为 srtm_37_03_l93； 　　b. Output file（输出文件）为 srtm_37_03_l93_slope.tif； 　　c. Mode（模式）为 Slope。 （2）单击 OK。
3. 坡向计算	在菜单栏中： 单击 Raster→Analysis→DEM（Terrain Models）…[栅格→分析→DEM（地形模型）……]。 在 DEM 的窗口中： （1）设置如下。 　　a. Input file（输入文件）为 srtm_37_03_l93； 　　b. Output file（输出文件）为 srtm_37_03_l93_aspect.tif； 　　c. Mode（模式）为 Aspect。 （2）单击 OK。
4. 结果分析	srtm_37_03_l93_slope.tif 栅格影像是以度表示的坡度图。在水平和垂直单位不相同的情况下，如以地理坐标表示的影像使用了以 m 为单位的高度值时，需要使用尺度（scale）参数（默认情况下等于 1）。 srtm_37_03_l93_aspect.tif 栅格影像是一个坡向图，其值在 0°～360°之间，表示坡度方向的方位角。默认情况下，平坦区域的坡向编码为无数据（−9999）。 DTM　　　　　　　坡度　　　　　　　坡向

5. 对应的 GDAL 命令	上面使用的 slope（坡度）工具等效于在终端执行以下命令：
	`gdaldem slope srtm_37_03_l93.tif srtm_37_03_l93_slope.tif -s 1.0 -of Gtiff`
	其中：
	（1）[slope]指定预期的产品，这里是坡度图；
	（2）[-s]设置垂直单位与水平单位的比率；
	（3）[-of]设置输出格式。
	一些常用选项如下：
	[-p]将坡度表示为百分比（默认以度为单位）。
	上面使用的 aspect（坡向）工具等同于在终端执行以下命令：
	`gdaldem aspect srtm_37_03_l93.tif srtm_37_03_l93_aspect.tif -of GTiff`

40

步骤	QGIS 操作
5. 对应的 GDAL 命令	其中： （1）[aspect]指定预期的产品，这里是坡向图； （2）[-of]设置输出格式。 一些常用选项如下： （1）[-trigonometric]为返回三角形角度，[0°表示东（east），90°表示北（north），180°表示西（west），270°表示南（south）]； （2）[-zero_for_flat]为平坦区域指定 0 值。 更多信息可参阅网站：http://www.gdal.org/gdaldem.html，2020.7.22。

3）山体阴影

在地图制图中经常使用山体阴影描述深度，并促进对地势的理解。该技术根据假设的光源赋予像素照度值[BUR 98]，它需要四个输入参数：光源的方位角和高度角、坡度和坡向（图 2.7）。其结果为灰色阴影（8 位编码，即 0～255 之间的 256 个值），反映了阴影和光的关系。

			考虑光源的以下参数。 （1）方位角： az_deg = 315°	（2）高度角： el_deg = 45°
368	369	376	方位角 以弧度为单位： az_rad = (450 − az_deg) × π/180 az_rad = 2.356	天顶角 （1）以度为单位： ze_deg = 90 − el_deg = 45° （2）以弧度为单位： ze_rad = ze_deg × π/180 ze_rad = 0.7854
377	386	398		
400	406	410	山体阴影计算： hillshade = 255.0 × [cos(ze_rad) × cos(slope_rad) + sin(ze_rad) × sin(slope_rad) × cos(az_rad − expo_rad)] hillshade = 255.0 × [cos(0.7854) × cos(0.2085) + sin(0.7854) × sin(0.2085) × cos(2.356 − 1.976)] hillshade = 211.05，也就是对应 8 位编码的 211	

图 2.7　山体阴影计算示例

DTM 山体阴影计算见表 2.15。

表 2.15　DTM 山体阴影计算

步骤	QGIS 操作
1. 山体阴影计算	在菜单栏中： 单击 Raster→Analysis→DEM（Terrain Models）…[栅格→分析→DEM（地形模型）……]。

步骤	QGIS 操作
1. 山体阴影计算	在 DEM 窗口中： （1）设置如下。 a. Input file（输入文件）为 srtm_37_03_l93； b. Output file（输出文件）为 srtm_37_03_l93_hillshade.tif； c. Mode（模式）为 Hillshade。 （2）单击 OK。
2. 结果分析	假设光源位于方位角 315°和高度角 45°处，srtm_37_03_l93_hillshade.tif 栅格根据光照突出显示地势，因此东面斜坡存在阴影。 DTM　　　　　　　　　　　山体阴影

3. 对应的 GDAL 命令	上面使用的 hillshade（山体阴影）工具等效于在终端执行以下命令：
	`gdaldem hillshade srtm_37_03_l93.tif`
	`srtm_37_03_l93_hillshade.tif -z 1.0 -s 1.0 -az 315.0 -alt 45.0 -of`
	`GTiff`
	其中：
	（1）[hillshade]指定预期的产品，这里是山体阴影；
	（2）[-z]设置垂直方向缩放比例（默认为 1）；
	（3）[-s]设置垂直方向单位与水平方向单位的比率；
	（4）[-az]设置光源的方位角；
	（5）[-alt]设置光源的高度角；
	（6）[-of]设置输出格式。
	更多信息可参阅网站：http://www.gdal.org/gdaldem.html，2020.7.22。

4）粗糙度和地形位置指数

地形起伏指数（TRI）是一种度量地形异质性的指数[RIL 99，WIL 07]，此方法计算每个像素与其 8 个相邻像素之间的垂直差平均值（图 2.8），而粗糙度指数将像素邻域中的最大垂直差赋予该像素。

地形位置指数（TPI）是中心像素值与其 8 个相邻像素之差的平均值[WEI 01，WIL 07]（图 2.8），正值表示相对于周围区域的高处（山顶、山峰等）；负值表示围地（山谷等）；接近零的值表示平坦地区或坡度恒定的区域。

a	b	c
d	e	f
g	h	i

TRI 计算方法如下：

$$TRI = (|a-e| + |b-e| + |c-e| + |d-e| + |f-e| + |g-e| + |h-e| + |i-e|)/8$$

本例中，中心像素值 TRI 为：

$$\begin{aligned} TRI &= (|205-196| + |195-196| + |197-196| + |209-196| + |192-196| + |212-196| \\ &\quad + |195-196| + |185-196|)/8 \\ &= 56/8 \\ &= 7m \end{aligned}$$

本例中，中心像素的粗糙度（roughness）为：

$$\begin{aligned} Roughness &= g - i \\ &= 212 - 185 \\ &= 27m \end{aligned}$$

205	195	197
209	196	192
212	195	185

TPI 计算方法如下：

$$TPI = e - [(a+b+c+d+f+g+h+i)/8]$$

本例中，中心像素的 TPI 为：

$$\begin{aligned} TPI &= 196 - [(205 + 195 + 197 + 209 + 192 + 212 + 195 + 185)/8] \\ &= 196 - 198.75 \\ &= -2.75 \end{aligned}$$

图 2.8　粗糙度和地形位置指数计算示例

根据 DTM 计算 TRI 和 TPI 见表 2.16。

表 2.16　根据 DTM 计算 TRI 和 TPI

步骤	QGIS 操作
1. 计算 TRI	在菜单栏中： 单击 Raster→Analysis→DEM（Terrain Models）…[栅格→分析→DEM（地形模型）……]。 在 DEM 窗口中： （1）设置如下。 　　a. Input file（输入文件）为 srtm_37_03_l93； 　　b. Output file（输出文件）为 srtm_37_03_l93_TRI.tif； 　　c. Mode（模式）为 TRI（Terrain Ruggedness Index）。 （2）单击 OK。 注意，计算粗糙度指数时选择 Roughness（粗糙度）模式。
2. 计算 TPI	在菜单栏中： 单击 Raster→Analysis→DEM（Terrain Models）…[栅格→分析→DEM（地形模型）……]。 在 DEM 窗口中： （1）设置如下。 　　a. Input file（输入文件）为 srtm_37_03_l93； 　　b. Output file（输出文件）为 srtm_37_03_l93_TPI.tif； 　　c. Mode（模式）为 Topographic Position Index（TPI）。 （2）单击 OK。
3. 结果分析	TRI 值与坡度密切相关，在平坦区域具有较低值，而在陡峭区域具有较高值。该方法的缺点是没有考虑坡度方向变量。为了弥补此缺陷，通常建议使用矢量地形起伏度量（vector ruggedness measure，VRM）[SAP 07]。但后者没有集成到 GDAL 中，在 GRASS 和 SAGA 中可以使用。至于 TPI 值，它们可以用来识别起伏形式和地形断裂。这两个指数通常应用于生态学和地貌学，尤其是用于河流演变过程的研究。

续表

步骤	QGIS 操作
3. 结果分析	 DTM TRI TPI

4. 对应的 GDAL 命令	上面使用的 TRI 工具等效于在终端执行以下命令：
	  `gdaldem TRI srtm_37_03_193.tif srtm_37_03_193_TRI.tif -of GTiff`
	其中：
	[TRI]为指定预期的产品，此处为 TRI。
	上面使用的 TPI 工具等效于在终端执行以下命令：
	  `gdaldem TPI srtm_37_03_193.tif srtm_37_03_193_TPI.tif -of GTiff`
	其中：
	[TPI]为指定预期的产品，此处为 TPI。
	更多信息可参阅网站：http://www.gdal.org/gdaldem.html，2020.7.22。

5）地势着色

GDAL 提供了根据颜色表将海拔与颜色进行关联的工具。和前面各节中描述的工具不同，该工具主要用来美化地图制图文档（表 2.17）。

表 2.17 地势着色

步骤	QGIS 操作						
1. 创建颜色表	颜色表是一个文本文件，通常每行包含 4 列或 5 列，分别是：海拔、红色、绿色和蓝色相应的颜色值（值在 0~255 之间，分别以 R、G、B 表示）以及可选的 alpha 通道值（透明度）。 可以为没有数据（no data）的像素分配颜色，这种情况下，海拔将替换为 nv。海拔也可以表示为百分比：0%对应 DTM 的最小值，100%对应 DTM 的最大值。 使用文本编辑器（如 Notepad++）： （1）根据以下示例（左列）创建海拔颜色表。						

	文本文件					对应颜色	
	海拔/m	R	G	B	alpha	海拔/m	颜色
	2000	222	222	222	255	2000	
	1500	192	209	203	255	1500	
	1000	72	138	112	255	1000	
	500	254	255	191	255	500	
	400	235	224	155	255	400	

续表

步骤	QGIS 操作						
	文本文件					对应颜色	
	海拔/m	R	G	B	alpha	海拔/m	颜色
1. 创建颜色表	300	214	189	120	255	300	
	200	212	183	127	255	200	
	100	232	217	186	255	100	
	80	237	225	199	255	80	
	60	242	233	213	255	60	
	40	245	238	225	255	40	
	20	250	247	240	255	20	
	10	255	255	255	255	10	
	0	255	255	255	255	0	
	nv	0	0	0	0	no data	■
	（2）将结果保存为 color_terrain.txt。						
2. 地势着色	在菜单栏中： 单击 Raster→Analysis→DEM（Terrain Models）…[栅格→分析→DEM（地形模型）……]。 在 DEM 窗口中： （1）设置如下。 　　a. Input file（输入文件）为 srtm_37_03_l93； 　　b. Output file（输出文件）为 srtm_37_03_l93_color.tif； 　　c. Mode（模式）为 Color relief； 　　d. Color configuration file（色彩配置文件）为 color_terrain.txt。 注意，有一个默认文件 terrain.txt，但它的颜色范围不适用于本示例中处理的 SRTM 文件。 （2）单击 OK。						
3. 结果分析	输出影像包含在不同海拔上的红色、绿色和蓝色三个分量对应的三个波段。默认情况下，对 color_terrain.txt 文件中海拔之间的颜色进行插值可以获得渐变效果。 　　　DTM　　　　　　　　　　　地势着色						
4. 颜色与地势阴影	在地图制图中，通常对海拔颜色渐变和阴影（山体阴影阈值）进行组合，用于可视化地势恢复，可以在 QGIS 中生成此类影像。						

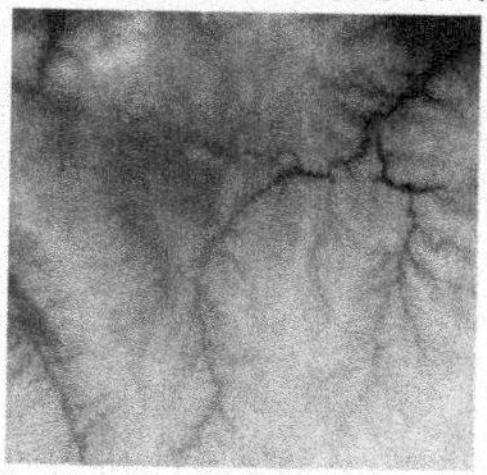

步骤	QGIS 操作
4. 颜色与地势 阴影	 彩色地势　　　　　　　　地势阴影　　　　　　　　地势图

**5. 对应的
GDAL 命令**
	上面使用的工具等效于在终端执行以下命令：
	`gdaldem color-relief srtm_37_03_193.tif color_terrain.txt`
	`srtm_37_03_193_color.tif -of GTiff`
	其中：
	（1）[color-relief]指定预期的产品，这里是彩色地势；
	（2）[-of]设置输出格式。
	一些常用选项如下：
	（1）[-alpha]指定输出栅格的 alpha 通道；
	（2）[-exact_color_entry]搜索颜色表时使用严格匹配，如果找不到匹配的颜色项，则海拔显示为黑色；
	（3）[-nearest_color_entry]使用颜色表中最接近的颜色。
	更多信息可参阅网站：http://www.gdal.org/gdaldem.html，2020.7.22。

2.2.5.4　执行地图代数表达式

QGIS 软件及其 API 提供了栅格计算器。GDAL 通过 gdal_calc.py 命令可实现类似的功能，但只在处理工具箱中提供接口。参加数学运算的影像必须具有相同的尺寸（行和列中的像素数）。对于不熟悉 Python 的用户而言，使用 Python numpy 语法编写的输入表达式并不容易。这里提供两个示例：查询高程和坡度数据，以及根据 Landsat-8 多光谱影像计算植被指数。

1）执行多条件查询

这一步是划定海拔和坡度分别大于 400m 和 20°的区域。使用 GDAL 栅格计算器进行多条件查询见表 2.18。

表 2.18　使用 GDAL 栅格计算器进行多条件查询

步骤	QGIS 操作
1. 打开 DTM 以及坡度栅 格影像	在 QGIS 中只打开以下文件： （1）srtm_37_03_l93.tif； （2）srtm_37_03_l93_slope.tif。

步骤	QGIS 操作
2. 激活处理工具箱	在菜单栏中： （1）单击 Processing（处理）； （2）单击 Toolbox（工具箱）。 处理工具箱（Processing Toolbox）面板会出现在屏幕右侧。
3. 查询高程和坡度数据	在处理工具箱中： 双击 GDAL/OGR→Miscellaneous→Raster Calculator（GDAL/OGR→杂项→栅格计算器）。 在 Raster Calculator（栅格计算器）窗口中： （1）设置如下。 　　a. Input layer A（输入图层 A）为 srtm_37_03_l93； 　　b. Input layer B（输入图层 B）为 srtm_37_03_l93_slope； 　　c. Calculation in gdalnumeric syntax（使用 gdalnumeric 语法运算）为 　　　　　　　　`logical_and(A >400,B>20)` 　　d. Set output nodata value（设置输出无数据值）为 0； 　　e. Output raster type（输出栅格类型）为 Byte； 　　f. Calculated（计算后结果）为 alti-sup400_slope-sup20.tif。 （2）单击 OK。
4. 结果分析	所得结果是一个二值栅格影像，其中满足查询条件的像素编码为 1（白色），其他像素编码为 0（黑色）。数学表达式必须符合 gdalnumeric 语法。例如，使用+、-、/、*运算符或 Python numpy 库的函数，如 logical_and()函数。 　　海拔>400m　　　　　　　坡度>20°　　　　　　　　结果

5. 对应的 GDAL 命令	上面使用的工具等效于在终端执行以下命令：
	`gdal_calc --calc "logical_and(A>400,B >20)" --format GTiff --type Byte`
	`　　　　　　　　　--NoDataValue 0`
	`　-A srtm_37_03_l93.tif --A_band 1 -B srtm_37_03_l93_pente.tif`
	`　　　　　　　　　--B_band 1`
	`　　　　　--outfile alti_sup400_pente_sup20.tif`
	其中：
	（1）[--calc]为数学表达式；
	（2）[--format]设置输出格式；
	（3）[--type]设置影像编码；
	（4）[--NoDataValue]设置输出无数据值；
	（5）[-A]为第一个输入栅格（这里为 srtm_37_03_l93.tif）；
	（6）[--A_band]为文件 A 的栅格波段数；
	（7）[-B]为第二个输入栅格（这里为 srtm_37_03_l93_slope.tif）；
	（8）[--B_band]为文件 B 的栅格波段数；
	（9）[--outfile]设置生成的输出文件。
	更多信息可参阅网站：http://www.gdal.org/gdal_calc.html，2020.7.22。

2）计算植被指数

根据 Landsat-8 多光谱影像计算归一化植被指数（normalized difference vegetation index，NDVI）[ROU 74，TUC 79]（表 2.19），计算方法如下：

$$(NIR - R)/(NIR + R)$$

其中，NIR 是近红外光，R 是红色光。

表 2.19　使用 GDAL 栅格计算器计算 NDVI

步骤	QGIS 操作
1. 打开 Landsat-8 影像	在 QGIS 中只打开如下文件： LC81990262017019LGN00_MS_L93.TIF。 如前所述，该文件按照如下格式排列。 （1）波段 1：蓝色； （2）波段 2：绿色； （3）波段 3：红色； （4）波段 4：近红外。
2. 计算 NDVI	在处理工具箱中： 双击 GDAL/OGR→Miscellaneous→Raster Calculator（GDAL/OGR→杂项→栅格计算器）。 在 Raster Calculator（栅格计算器）窗口： （1）设置如下。 　　a. Input layer A（输入图层 A）为 LC81990262017019LGN00_MS_L93； 　　b. Number of raster band for raster A（栅格 A 的波段数）为 4； 　　c. Input layer B（输入图层 B）为 LC81990262017019LGN00_MS_L93； 　　d. Number of raster band for raster B（栅格 B 的波段数）为 3； 　　e. Calculation in gdalnumeric syntax（使用 gdalnumeric 语法的表达式）为 　　　　`(A.astype(float)-B)/(A.astype(float)+B)` 注意，在上面的表达式中，必须使用 astype（float）函数将两个波段中的一个转换为浮点型，以获得十进制数值的计算结果。 　　f. Set output nodata value（设置输出无数据值）为-9999； 　　g. Output raster type（输出栅格类型）为 Float32； 　　h. Calculated（计算结果）为 LC81990262017019LGN00_NDVI_L93.TIF。 （2）单击 OK。
3. 结果分析	NDVI 是用–1～1 之间的十进制值编码的栅格，较高值通常对应茂盛的植被。 IR假彩色　　　　　　　NDVI (RGB = NIR, R, G)
4. 对应的 GDAL 命令	上面使用的工具等效于在终端执行以下命令： `gdal_calc --calc "(A.astype(float)-B)/(A.astype(float) +B) " --format GTiff --type Float32`

步骤	QGIS 操作

4. 对应的 GDAL 命令	`--NoDataValue -9999 -A LC81990262017019LGN00_MS_L93.tif`
	`--A_band 4`
	`-B LC81990262017019LGN00_MS_L93.tif --B_band 3`
	`--outfile LC81990262017019LGN00_NDVI_L93.tif`
	更多信息可参阅网站：http://www.gdal.org/gdal_calc.html，2020.7.22。

2.3 参考文献

[BUR 98] BURROUGH P. A., MCDONNELL R., MCDONNELL R. A. et al., Principles of Geographical Information Systems, Oxford University Press, 1998.

[HOR 81] HORN B. K., "Hill shading and the reflectance map", Proceedings of the IEEE, vol. 69, no. 1, pp. 14-47, 1981.

[RIL 99] RILEY S. J., "Index That Quantifies Topographic Heterogeneity", Intermountain Journal of Sciences, vol. 5, nos. 1-4, pp. 23-27, 1999.

[ROU 74] ROUSE JR J., HAAS R. H., SCHELL J. A. et al., "Monitoring vegetation systems in the Great Plains with ERTS", Proceedings of the third Earth Resource Technology Satellite(ERTS) Symposium, vol. 1, pp. 309-313, 1974.

[SAP 07] SAPPINGTON J. M., LONGSHORE K. M., THOMPSON D. B., "Quantifying landscape ruggedness for animal habitat analysis: a case study using bighorn sheep in the Mojave Desert", Journal of Wildlife Management, vol. 71, no. 5, pp. 1419-1426, 2007.

[TUC 79] TUCKER C. J., "Red and photographic infrared linear combinations for monitoring vegetation", Remote Sensing of Environment, vol. 8, no. 2, pp. 127-150, 1979.

[WEI 01] WEISS A., "Topographic position and landforms analysis", ESRI User Conference, San Diego, CA, vol. 200, 2001.

[WIL 07] WILSON M. F., O'CONNELL B., BROWN C. et al., "Multiscale terrain analysis of multibeam bathymetry data for habitat mapping on the continental slope", Marine Geodesy, vol. 30, nos. 1-2, pp. 3-35, 2007.

[ZEV 87] ZEVENBERGEN L. W., THORNE C. R., "Quantitative analysis of land surface topography", Earth Surface Processes and Landforms, vol. 12, no. 1, pp. 47-56, 1987.

3

QGIS 与 GRASS GIS 软件

Bernard Lacaze，Julita Dudek，Jérôme Picard

3.1 概述

3.1.1 GRASS 软件：模块化的 GIS 软件包

地理资源分析支持系统（GRASS）是一个地理信息系统（GIS）软件包，可根据 GNU 通用公共许可证（GPL）获得。这个免费的开源软件是开源地理空间基金会（OSGeo）的官方项目。它是一个多功能软件套件，可用于地理空间数据管理和分析、影像处理、图形和地图制作、空间建模和可视化。GRASS GIS 已经在全球学术和商业环境中得到广泛应用，在许多政府机构以及环境咨询公司中也具有一席之地。因为其强大的栅格和矢量处理引擎，QGIS 与 GRASS 的结合被认为是替代商业 GIS 和影像处理软件包的最佳选择。

GRASS GIS 是现有最古老的公共领域 GIS 软件之一，至 2020 年已有 30 多年的历史，最初由美国陆军建筑工程研究实验室（Construction Engineering Research Laboratories，CERL）联合几所大学和联邦机构于 1982~1995 年开发。1995 年，位于美国得克萨斯州韦科市（Waco，Texas）的贝勒大学（Baylor University）开始支持其开发，尤其是支持在 Linux 系统上的开发，并于 1998 年 1 月发布了具有重大改进和全新用户界面的 GRASS 版本 4.2.1。从 GRASS 5（1999 年）开始，公共许可证替换为 GNU/GPL。2006 年 2 月 OSGeo 成立，达成全球合作推广 GRASS 的共识。当前的稳定版本（2016 年 12 月发布）是 GRASS 7.2.0。

GRASS 是模块化设计软件，即软件的每个功能对应一个模块，其好处是用户可以通过仅启动所需要的模块优化操作。这些模块分组为：g.*用于通用功能（文件管理）；d.*用于显示功能；v.*用于矢量功能；r.*用于栅格功能；i.*用于影像处理功能；r3.*用于三维功能（三维栅格）；t.*用于时间序列；db.*用于与数据库相关的功能；ps.*用于生成 Postscript 地图；m.*用于其他命令。GRASS GIS 软件本身已经集成了 400 多个数据处理模块。此外，可以从社区 Wiki 网站

（https://grasswiki.osgeo.org/wiki/GRASS-Wiki，2020.7.24）免费获得 100 多个社区提供的模块和工具。在下面的章节中，仅介绍出现在 QGIS-GRASS 界面的 GRASS 工具中（见 3.2.2 节）的 v.*，r.*，i.*和 t.*模块的主要命令，并按模块分组名称的字母顺序排列。同时，也会说明用于导入矢量和栅格图层的工具。

3.1.2　矢量功能（v.*）

矢量功能分类如下。

1）矢量数据导入功能（v.in.*）

（1）以 GDAL/OGR 库（地理空间抽象数据库，见 http://www.gdal.org/ogr_formats.html，2020.7.24）标准格式导入矢量文件；

（2）导入 DXF、ASCII（矢量或点）、ESRI e00、MapGen 或 MATLAB 格式的矢量文件；

（3）从数据库中导入具有坐标的点矢量；

（4）从 http://www.geonames.org/，2020.7.24 网站中导入地名。

2）管理矢量地图功能

（1）拓扑管理：重建矢量（或数据集中的所有矢量）拓扑关系；

（2）矢量地图中拓扑关系的清理工具；

（3）矢量地图几何元素性质的更改工具（线转换为边界，点转换为质心，反之亦然）；

（4）实体管理工具：为封闭空间添加缺失的质心，沿线创建点，将线分成多个段等；

（5）通过对高程栅格采样实现二维和三维矢量转换；

（6）矢量变换或重投影：矢量地图（如地理参考矢量数据）仿射变换（平移、旋转、比例尺缩放），或更改投影；

（7）元数据支持：更新矢量地图的元数据；

（8）地图综合：通过平滑简化矢量地图。

3）数据库连接

（1）矢量地图和数据库的连接或断开；

（2）显示连接。

4）空间分析

（1）提取矢量地图实体：根据属性选择并提取矢量，选择两个地图重合的实体（叠置）；

（2）创建缓冲区；

（3）矢量几何分析：距离计算和搜索地图 A 中最接近地图 B 中元素的元素；

（4）网络分析：配置和保存网络，创建网络节点，计算最短路径等；

（5）矢量图层逻辑运算：计算矢量并集、交集、差集的工具。

5）字段更改

（1）在地图中添加或删除元素类别（点、线、边界、质心等）；

（2）根据属性或数据库查询结果对矢量进行重新分类。

6）点矢量实用工具

（1）创建标准矢量：创建根据当前区域范围定义的新矢量，或在当前区域创建网格（点、线或面）；

（2）创建点：创建二维或三维随机位置文件，为矢量点位置添加扰动；

（3）管理训练数据集：在测试类别中随机分配点，或消除矢量点异常；

（4）三角剖分：Delaunay 三角剖分，Voronoi 图和凸包络。

7）根据其他地图更新矢量数据

（1）根据基于矢量的栅格计算统计信息并将统计信息插入新的属性列；

（2）通过创建附加属性列，将矢量地图上由点指定的矢量值添加到当前数据集该点的属性表中；

（3）通过创建附加属性列，将矢量地图中的点对应的栅格地图中的值添加到当前数据集的点属性表中；

（4）使用矢量地图的点对栅格地图的值进行采样。

8）统计和报表

（1）输出有关矢量图层的基本信息；

（2）将矢量图层的几何变量保存到数据库；

（3）计算矢量图层的几何统计量；

（4）计算矢量实体的统计量；

（5）对一组矢量点进行正态测试。

3.1.3　GIS 栅格功能（r.*）

GRASS 软件的特点之一是包含许多栅格 GIS 功能，主要功能如下所述。

1）栅格数据导入功能

导入外部栅格（r.in.gdal）或者在 QGIS 中显示的栅格（r.in.qgis.gdal），支持 GDAL 库的所有影像格式，可以在 GRASS 中新建由导入栅格地理范围所定义的区域。此外，一些功能需要以特定的格式，如栅格 ASCII、二进制、SPOT-VGT NDVI、SRTM HGT、ASTER 影像或数字高程模型（DEM）等导入栅格数据。可以链接外部数据源到 GRASS，也就是说，将 GDAL 栅格图层（甚至一个目录中所有的 GDAL 栅格）链接作为 GRASS 栅格输入。

2）栅格地图管理功能

（1）压缩（或解压缩）栅格；

（2）定义栅格边界（根据栅格、当前区域、另一个栅格、矢量、四个角的坐标等）；

（3）栅格像素值管理：如将特定值像素转换为空值像素，反之亦然；

（4）改变空间分辨率：通过聚合或插值对栅格进行重采样，对专题地图进行重采样（不进行插值），通过样条平滑进行重采样（可根据需要从高程栅格计算地形变化）；

（5）创建或编辑栅格（支持栅格）的基本信息并更新栅格统计信息；

（6）使用当前位置的地理投影对栅格进行重投影。

3）颜色表功能

目标是基于已有颜色表或栅格，或用户基于影像统计信息（均值，标准差）定义的规则，为栅格定义颜色表。其他功能包括按比例混合两个栅格分量的颜色；基于三幅影像创建彩色合成影像（屏幕上红色、绿色、蓝色图层的彩色合成）；根据对应颜色、强度和饱和度值的三幅影像创建红色、绿色和蓝色三个分量。

4）空间分析

（1）缓冲区：创建一个像素周围为非零值的栅格显示缓冲区；

（2）掩膜：根据栅格或矢量创建掩膜（二值影像），以便将影像处理限制在掩膜的非零值区域；

（3）制图代数（r.mapcalc）：mapcalc 是一个"栅格计算器"，用于获得多个栅格算术或逻辑运算产生的栅格；

（4）邻域分析：在指定大小的窗口（3 像素×3 像素，5 像素×5 像素等）中计算各种统计量，如均值、中位数、最小值、最大值、标准差等，另外还可以计算邻域窗口中的矢量点数；

（5）地图覆盖：通过合并多个栅格（2～10 个）创建栅格并获得相关的统计信息，如使用栅格 A 的像素值替换栅格 B 的零值像素；

（6）光照模型：包含两个获取阴影投影地图的功能，一个是使用海拔栅格，另一个是使用太阳位置（确切位置或根据日期和时间估算的位置）；

（7）地形分析：根据海拔栅格（DEM）计算各种地形变量（坡度、坡向、质地统计、水流线等）并获得对应的栅格，根据 DEM 函数计算距离、不同位置之间移动的累计成本；

（8）实体变换：更改连续像素的类别，根据相邻区域扩张创建栅格，创建稀疏的非零栅格像素栅格。

5）空间建模

目前只有水文模型，包括计算分水岭侵蚀和水文参数（RUSLE 模型）；创建次分水岭栅格等。

6）更改类别和标签值

考虑最小或最大区域大小，对栅格重新分类；根据用户定义规则进行栅格重新分类；栅格类别重新编码；更改栅格类别定义的值域。

7）面（Surface）功能

（1）同心圆：创建包含同心圆的地图；

（2）创建随机点：创建栅格中包含的随机矢量点，或创建新栅格和/或一组随机矢量点；

（3）表面生成：创建指定分数维的分形表面，使用加权核函数创建矢量点密度栅格，创建具有指定倾斜度的平面栅格图等；

（4）生成矢量等高线：如根据栅格 DEM 创建等高线；

（5）插值区域：目的是根据矢量点文件进行插值并创建栅格，可以使用多种插值算法，包括按距离倒数加权、双线性或双三次样条等，也可以根据等高线生成栅格（如根据数字化等高线创建高程栅格）。

8）报表和统计

报表包括栅格的基本信息以及类别和标签；统计信息包括面统计信息和栅格类别的单变量统计信息。统计功能也包括计算多个栅格的协方差/相关矩阵，获得两个栅格值之间的回归线，建立两个栅格类别之间的共现（重合）表，并计算在两个栅格中指定类别对象之间的距离。查询栅格图层：通过定义坐标，可以获取指定栅格像素的值（包括类别，以及可选的标签）。

3.1.4 影像功能（i.*或 r.*）

1）分组管理和影像镶嵌

i.image.mosaic 命令用于镶嵌多幅影像（最多 4 幅），并在结果影像中使用颜色表。

2）影像颜色管理

（1）i.rgb.his：RGB=>HIS[①]转换，从红-绿-蓝空间转换到色相-强度-饱和度（HIS）空间；

（2）i.his.rgb：HIS=>RGB 逆变换，从 HIS 空间转换到红-绿-蓝空间；

（3）i.colors.enhance：红-绿-蓝彩色合成影像的自动色彩平衡，实际上是一个对比度增强的过程，它通过删除给定百分比（默认值为 2%）的最低值和最高值拉伸每个通道的直方图，程序主要处理 8 位编码的影像（256 个值），也可以处理其他编码的数据；

---

① 色相-强度-饱和度（hue-intensity-saturation，HIS）。

（4）i.pansharpen：全色影像锐化（pansharpening）算法，将高分辨率全色影像和低分辨率多光谱影像融合，以创建单幅高分辨率彩色影像（见 3.7 节）。

3）影像滤波

（1）i.zc：边缘检测算法，是一种"零交叉"类型算法，它从影像的傅里叶（Fourier）变换开始，使用高斯（Gaussian）二维函数进行滤波，然后进行逆变换。算法可以定位边界像素（影像中像素值符号改变的位置），并且检测边界的方向。

（2）r.mfilter：将影像与 n 像素×n 像素矩阵（其中 n 是奇数：3，5，⋯）进行卷积的滤波算法，滤波器是用户提供的 ASCII 文件，用于指定矩阵的值和除数。

4）Tasseled Cap 植被指数

所谓的"缨帽"（Tasseled Cap）植被指数和相关指数，可根据 Landsat TM、Landsat ETM + 和 MODIS 影像计算得到（见 3.8 节）。

5）影像变换

i.fft 命令可以实现影像的空间二维变换（快速傅里叶变换）和逆变换。

6）统计和报表

（1）r.describe：显示栅格图层中的值列表；

（2）i.modis.qc：用于提取 MODIS 影像的质量控制（quality control，QC）参数并将其记录在文件中；

（3）r.kappa：根据分类结果和地面真值栅格影像计算混淆矩阵以及 kappa 系数。

3.1.5 时间功能（t.*）

这些功能可用于创建和处理时间序列数据，如地表同一区域的多期遥感影像。处理系列影像的目的包括监测土地利用/土地覆盖变化（多时相分析）和地表其他动态现象。

1）数据库管理

（1）t.create：创建时空栅格数据集、时空 3D 栅格数据集或时空矢量数据集；

（2）t.rename：重命名时间序列；

（3）t.remove：从时态数据库中删除时间序列；

（4）t.support：修改与时间序列相关的元数据；

（5）t.merge：将数据集的多个时间序列合并为一个时间序列；

（6）t.shift：时间序列数据集图层进行时间推移；

（7）t.snap：将时间序列的最后一个数据与将来的最近数据关联，从而关联两个时间序列；

（8）t.list：显示存储在时态数据库中的时间序列数据集列表和图层；

（9）t.connect：建立时态 GIS 数据库与当前数据集之间的连接，默认情况下，在数据集目录创建一个 Sqlite 数据库（tgis.sqlite.db），对于非常长的数据系列，可以选择 PostgreSQL 类型的时态数据库；

（10）t.select：使用时间代数，根据与其他数据集的拓扑关系选择时间序列数据集的图层，可以组合数据集的空间和时间关系（可选）。

2）管理数据集中的图层

保存时间序列中的栅格、三维栅格或矢量图层，或者删除图层；列出在序列中存储的图层。

3）导出和导入命令

将栅格或矢量文件导出到 GRASS GIS 存档文件；反之，从存档中导入相应文件。

4）栅格时间序列的 3D 表示

t.rast.to.rast3.py 命令用于创建一个平行六面体，用 3D xyz 表示以 z 轴为时间维度的栅格图层（xy）。

5）提取命令

用于从数据集（栅格、三维栅格或矢量）中检索并返回子集。

6）其他命令

（1）t.vect.db.select：显示矢量数据时间序列中存储的矢量图层属性；

（2）t.rast.colors.predefined：为每个栅格图层指定一个预定义颜色表，大约有 50 个预定义的颜色表，其中一些颜色表可用于给某些参数，如坡度、坡向、NDVI 等配置颜色；

（3）t.rast.colors.rules：基于时间序列中一组栅格图层的值域创建颜色表；

（4）t.rast.colors.copy：创建引用栅格或三维栅格颜色表的颜色表；

（5）t.rast.mapcalc：使用栅格计算器"mapcalc"对时间序列的栅格样本进行操作，t.rast3d.mapcalc 对应 3D 栅格；

（6）t.rast.gapfill：如果时间序列中没有特定日期的数据，创建根据该日期之前与之后的栅格插值形成的栅格。

7）聚合

（1）t.rast.neighbors：通过计算由用户定义的邻域像素（请参见 r.neighbors 命令）修改时间序列中栅格图层的值，如对最邻近的四个像素或八个像素进行滑动平均（计算包括中心像素）；

（2）t.rast.series：对于时间序列，这个命令等效于栅格命令 r.series，用于创建一个栅格，记录序列（或子集）中一组栅格的计算结果，如平均值、中位数、最小值、最大值、坡度和描述时间演变的回归线原点纵坐标；

（3）t.rast.aggregate：根据用户定义的"时间粒度"（年、月、周等）聚合时间序列栅格，如从月度数据中获取年度降雨量；

（4）t.rast.aggregate.ds：操作与上一个命令相同，但是粒度根据另一个栅格时间序列定义，这样可以保证两个时间序列的时间步长一致；

（5）t.rast.accumulate：用于对时间序列中一组栅格进行计算（如总和或平均值），同时考虑了最小阈值和最大阈值（对于以"度-天"为单位表示的数据）；

（6）t.rast.acc.detect：从 t.rast.accumulate 命令创建的栅格开始，检测观测到最小值与最大值（这些值可以固定给所有像素，也可以赋给特定栅格中的每个像素）的时间，用户规定计算的开始和结束日期，以及分析周期（可能包括每个周期之间跳过的时间段）。例如，检测植物周期的开始日期（发芽）和结束日期（收获），它是温度时间序列的函数，以"度-天"为单位表示。

8）采样

（1）t.sample：基于参考时间序列（栅格或矢量）对栅格时间序列进行采样；

（2）t.vect.what.strds：根据一组时空矢量点，记录栅格时间序列的值作为矢量属性；

（3）t.vect.observe.strds：在给定的时间段，根据矢量点图层定义的位置搜索一个或多个栅格时间序列的值。

9）统计和报表

（1）t.info：列出相关数据时间序列的基本信息；

（2）t.rast.univar，t.rast3d.univar，t.vect.univar：用于计算数据时间序列的单变量统计信息（分别对应栅格、三维栅格和矢量）；

（3）t.topology：列出栅格时间序列中各图层的时间拓扑关系（如开始、先于、相等、包含等关系）。

3.2 GRASS GIS 下载和 QGIS 中的 GRASS 插件

3.2.1 可用于 GRASS GIS 软件的操作系统

GRASS 可以运行于以下几种操作系统：GNU/Linux、Mac OSX、MS-Windows。用户可以下载二进制文件（几百兆大小，已经通过编译，可以直接使用），也可以下载源代码（约 350MB），支持自定义 GRASS 扩展的开发。更多信息可以参阅 https://grass.osgeo.org/download/，2020.7.24。

3.2.2 QGIS 的 GRASS GIS 接口

通过 GRASS GIS 插件，QGIS 基本上提供了替代 GRASS GIS 的接口。当前

版本的 QGIS（2.18）可用于 Windows（32 位和 64 位）、Linux、Mac OSX 和
Android，还包括一个 GRASS 的编译版本，便于用户使用其中的模块。在激活
GRASS 插件[请参阅 Plugins→Manage and Install Plugins…（插件→管理和安装插
件……）]并在 QGIS 中创建或打开 GRASS 数据集之后，可以通过 "GRASS Tools"
扩展[Plugins→GRASS→Open GRASS Tools（插件→GRASS→打开 GRASS 工具）]
启动 GRASS 模块（图 3.1）。

图 3.1　在 QGIS 中打开 GRASS 工具

打开的 "GRASS 工具" 中可以使用 GRASS 命令窗口（GRASS Shell），并使
用 GRASS 模块分组进行文件管理、GRASS 区域设置、投影管理、栅格、矢量、
影像和时间数据处理、数据库管理、坐标转换以及访问 GRASS 用户指南页面
（图 3.2）。

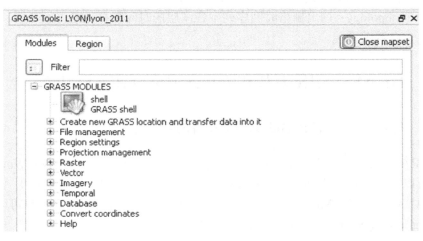

图 3.2　QGIS 中 GRASS 工具可用的 GRASS 模块分组

但是，上述步骤仅允许执行一部分 GRASS 命令。为更充分地利用 GRASS，
需要使用通用的 QGIS 处理工具箱[Processing→Toolbox（处理→工具箱）]。在

GRASS GIS 7 commands 标题下，可以访问 314 个 GRASS 命令（地理算法），分为影像、杂项、栅格、矢量、可视化（图 3.3）。

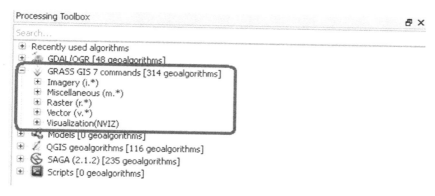

图 3.3 QGIS 处理工具箱中可用的 GRASS 模块组

（1）Imagery（影像）：该分组由 42 个按字母顺序排列的 i.*命令组成；

（2）Miscellaneous（杂项）：该分组只包含一个 m.cogo 命令，作用是将以方向/距离表示的位置转换到笛卡儿（Cartesian）坐标系（反之亦然）；

（3）Raster（栅格）：最重要的一个分组，包括命令 Mix the color components of two rasters according to a ratio and export to a single raster（根据比例混合两个栅格的颜色分量并导出到单个栅格中），以及按字母顺序排列的 167 个 r.*命令；

（4）Vector（矢量）：该分组包括按字母顺序排列的 81 个 v.*命令；

（5）Visualization（可视化）：该分组由 nviz 和 nviz7 可视化命令以及用于 GRASS 数据的动画工具组成。

最后需要强调的是，也可以在 QGIS 环境中打开 GRASS GIS 软件（程序列表→QGIS2.18→GRASS GIS 7.2.0）（图 3.4）并且可以同时运行和使用所有处理功能，但是必须先将数据导入 GRASS 中才能进行操作（见 3.3.3 节和 3.3.4 节）。

图 3.4 从可用程序列表中访问 GRASS GIS

3.3 GRASS GIS 功能

3.3.1 GRASS GIS 项目定义：位置和地图集

开始使用 GRASS 前，需要定义 GIS 数据库目录、位置（项目）和地图集（子项目）。启动 GRASS GIS 后，将显示一个开始屏幕，提示用户选择数据库、位置和地图集（参阅 https://grass.osgeo.org/grass72/manuals/helptext.html，2020.7.24）。

（1）GIS 数据库目录：开始使用 GRASS 前需要创建此目录；在此数据库中，项目按项目区域排列，存储在称为"位置"的子目录中。

（2）位置：位置由坐标系、地图投影和地理边界定义。可以在 GRASS 启动时添加新的位置。首次使用新位置启动 GRASS 时，会自动创建定义位置的子目录。每个位置中，都存在一个必选的 PERMANENT（永久）地图集，其中包含投影信息和其他定义项。PERMANENT 地图集的数据只能由 PERMANENT 地图集的所有者添加、修改或者删除；其他用户可以访问、分析和将其复制到自己的地图集中。PERMANENT 地图集可用于提供通用的空间数据（如高程模型），在同一位置的所有用户均可以访问该数据，但不能进行修改。该地图集还包含 DEFAULT_WIND 文件，说明该位置的默认区域边界坐标值，所有用户在开始使用数据库时会继承此默认值。

（3）地图集：每个位置可以有许多地图集（位置子目录）。用户可以在 GRASS 启动时添加新的地图集。一个地图集包含一组数据图层，每个数据图层都对应相同（或相同子集）的地理区域，并且采用相同的地图坐标系。在每次 GRASS 任务开始时，用户需要选择一个 GRASS 数据库、位置和地图集作为本次任务的当前数据库、当前位置和当前地图集。用户在任务期间创建的所有地图会存储到任务开始时选择地图集中（更改任务期间的地图集，可参见 g.mapset 和 g.gisenv）。在所有地图集中会有一个 WIND 文件，用于存储当前边界坐标值和当前选择的栅格分辨率。用户可以随时选择切换到默认区域。选择新位置时，Location Wizard（位置向导）将启动一系列对话框用于浏览和选择预定义的投影（*.prj 文件，也可以是 EPSG 代码）或者自定义投影。通过地理参考数据文件（如 SHAPE 文件或 GeoTIFF 文件）可以更方便地创建新位置。地图集的空间范围可以根据其范围内矩形角点的地理坐标定义。用户还可以从 QGIS 环境中启动此过程，进一步描述和说明参见 3.4.1 节。

3.3.2 修改 GRASS 区域

GRASS 区域（region）的概念至关重要，它确定数据的显示范围，与地理投影参数、地理位置以及根据空间分辨率定义的栅格行数和列数有关。这些参数的默认值存储在 PERMANENT 地图集中的 DEFAULT_WIND 文件。当前区域的参数存储在当前地图集的 WIND 文件中（图3.5）。

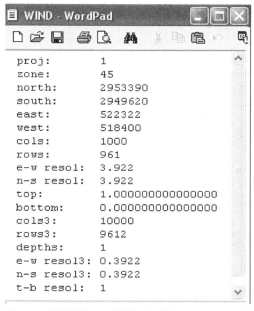

图 3.5　显示当前地图集定义参数的 WIND 文件

对于同一地理区域，可以通过修改空间分辨率多次定义 GRASS 区域。这项功能很实用，如果需要测试几种影像处理算法，可以比较原始影像处理和分辨率降低后影像处理的结果。

在 GRASS 软件中，可以使用 g.region 命令重新定义区域，使用 g.region -d 命令返回到原始区域。更多详细信息，请参阅以下网站：

（1）https://grass.osgeo.org/grass73/manuals/g.region.html，2020.7.24；

（2）http://www.ing.unitn.it/~grass/docs/tutorial_62_en/htdocs/comandi/g.region.htm，2020.7.24。

在 QGIS GRASS 环境中，可以使用 GRASS 工具[Modules→Region settings（模块→区域设置）]中的 g.region 命令修改或者保存区域设置。对于栅格地图，可以使用 r.region 命令[Modules→Raster→Develop map→Sets the boundary definitions for a raster map（模块→栅格→地图开发→定义栅格地图边界）]修改区域设置，也可以通过重采样改变空间分辨率[Modules→Raster→Develop map→Change resolution（模块→栅格→地图开发→更改分辨率）]。这些命令说明如图3.6所示。

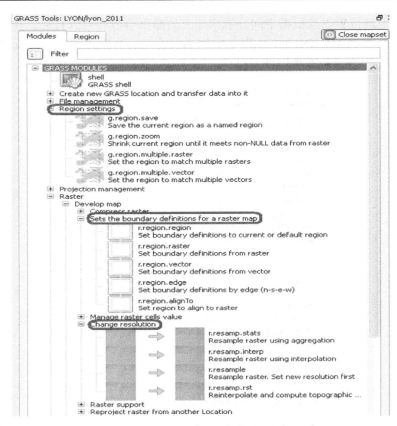

图 3.6　修改区域设置、栅格地图边界和分辨率的 GRASS Tools 命令

3.3.3　导入栅格数据到 GRASS

本章稍后（见 3.4.1 节）会说明实际中最常用的，在 QGIS 中导入先前显示的栅格文件的步骤。这里说明使用 GRASS 工具在 QGIS-GRASS 界面中导入外部栅格文件的方法[Modules→File management→Import into GRASS→Import raster into GRASS→Import raster into GRASS from external data sources in GRASS（模块→文件管理→导入 GRASS→导入栅格到 GRASS→根据外部数据源导入栅格到 GRASS ）]（图 3.7）。

该方法适用于 GDAL 库支持的所有栅格文件，包括 ASCII 码、二进制和一些卫星影像格式，如 SPOT VGT(NDVI)、ASTER 或 DEM 文件(SRTM 或 ASTER)。在 QGIS 处理工具箱中的 GRASS GIS 7 命令列表中找到 r.in.lidar 命令，可以使用 binning（分箱）类型聚合的单变量统计信息，根据 LAS LIDAR 点云创建栅格地图。

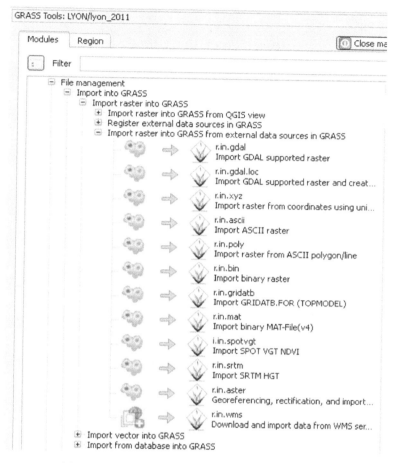

图 3.7　使用 GRASS Tools 命令导入外部栅格数据

　　注意，可以同时将多个栅格文件导入同一个目录中。在这种情况下，选择文件的格式（如 tiff 格式），这样扩展名.tiff 就会添加到导入文件名称之后。

3.3.4　将矢量数据导入 GRASS

　　导入矢量图层的操作类似于导入栅格图层。使用 GRASS 工具，可以将 QGIS 中显示的矢量图层导入 GRASS 中（见 3.4.2 节），也可以导入外部矢量文件：Modules→File management→Import into GRASS→Import vector into GRASS（模块→文件管理→导入 GRASS→导入矢量到 GRASS）（图 3.8）；该方法不仅支持 GDAL-OGR 库中的所有矢量格式（命令 v.in.ogr），还支持直接导入 DXF、ESRI（e00）、ASCII、MapGen 或 MATLAB 格式等。此外，还可以从数据库中导入各种格式的属性表

（命令 db.in.ogr）。

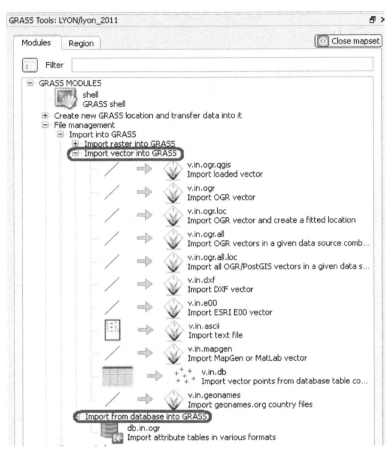

图 3.8　使用 GRASS Tools 命令导入矢量数据和属性表

在 QGIS 处理工具箱中打开 GRASS GIS 7 命令（共有 314 个地理算法）时，可以查看按字母顺序排列的矢量命令列表中一些导入外部矢量的命令，如 v.in.lidar 命令（将 LIDAR LAS 点云转换为矢量地图）和 v.in.wfs 命令，用于从 OGC WFS[①]服务器（如 MapServer 开源平台）导入矢量地图。这些操作方式如图 3.9 所示。

3.3.5　影像地理配准

目前，大多数卫星影像都是经过地理配准的数据。如果需要对原始影像或扫

---

① 开放地理空间联盟（Open Geospatial Consortium，OGC）网络要素服务（web feature service，WFS）。

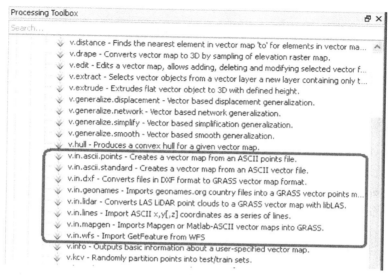

图 3.9　QGIS 处理工具箱中导入外部矢量数据的 GRASS GIS 命令

描地图进行地理配准，可以参考以下教程：https://grasswiki.osgeo.org/wiki/
Georeferencing，2020.7.24。使用航拍照片时，可以使用 i.ortho.photo 命令对影像
组文件（一个影像组由同一区域的若干张扫描航拍照片组成）进行正射纠正。

地理配准也可以使用 QGIS 中的 Georeferencer GDAL（GDAL 地理配准）插
件完成。它是一个核心插件，已经是 QGIS 安装的一部分，只需要启用它即可（参
见 以 下 教 程：http://www.qgistutorials.com/en/docs/georeferencing_basics.html，
2020.7.24；https://docs.qgis.org/2.14/en/docs/training_manual/forestry/map_georeferencing.
html，2020.7.24）。

3.3.6　影像辐射预处理

我们可以通过使用专门的 ASTER 或 Landsat 影像工具（iaster.toar 或
i.landsat.toar 命令）将数字量化值（DN）转换为物理量：传感器辐射率（单位为
$W \cdot m^{-2} \cdot sr^{-1}$）或大气表观反射率（top of atmosphere reflectances，TOAR）。

对于其他类型的传感器，需要使用校准参数和必要的辅助数据进行计算，可
以使用修改栅格文件数据的通用命令 r.mapcalc，也可以使用 QGIS "栅格计算器"
工具。

如果需要获取地表反射率的估计值——冠层反射率（top of canopy reflectance，
TOCR），则需要使用 i.atcorr 命令校正大气影响，可以基于 6S 算法[VER 97]进行
校正。模型所需的输入参数包括大气类型、气溶胶类型和水平能见度等，需预先

在文本文件中指定。

使用 i.topo.corr 命令还可以对地形影响进行校正。当然，校正需要数字高程模型，校正过程包括计算照度图，然后根据余弦、Minnaert、C 因子、百分比之中的一项进行校正。

3.3.7 全色锐化

通常，将多光谱影像和较高空间分辨率的全色影像融合以获得空间分辨率改进后的多光谱影像。GRASS 软件的 i.pansharpen 命令用于此功能，但只能输入 3 个通道的多光谱影像（红、绿、蓝）。融合技术包括：HIS、主成分法和 Brovey 方法（色彩归一化）。

3.3.8 计算光谱指数和生物物理参数

对于卫星影像产品，可以对光谱波段进行各种组合处理，以获得植被指数、"缨帽"指数、反射率、发射率和"生物量增长"产品。

（1）植被指数：i.vi 命令可以计算众多植被指数：ARVI、DVI、EVI、EVI2、GARI、GEMI、GVI、IPVI、MSAVI、MSAVI2、NDVI、PVI、RVI、SAVI、SR、WDVI。这些计算需要有反射率参数（TOAR 或 TOCR）；对于 SAVI，还需要指定一些其他参数——土壤线（soil line）原点处的坡度和纵坐标、受土壤表面状态影响噪声降低的因子。

（2）"缨帽"指数：可以使用 i.tasscap 命令计算根据[KAU 76]定义的这些指数，需要六个通道（Landsat-4～8）或七个通道（MODIS）数据。需要注意的是，这种多光谱反射率数据压缩技术实际上可以形成四个指数，分别是亮度指数、绿度指数、湿度指数和雾度指数（仅适用于 Landsat-5、Landsat-7、Landsat-8）。该计算可使用 Landsat-4 TM、Landsat-5 TM、Landsat-7 ETM+和 MODIS 数据，相应的参考书目规定了使用该算法的条件（如对于 Landsat-7 ETM+，需要给定大气表观反射率）。

（3）反射率（albedo）：这里是指"短波反射率"，即位于太阳光谱范围（波长范围：0.3～3μm）中的地面反射率，是辐射传递和地表能量平衡模型的重要参数。i.albedo 命令使用 NOAA-AVHRR（两个通道）、Landsat-5 与 Landsat-7（六个通道）、Landsat-8（七个通道）、ASTER（六个通道）和 MODIS（七个通道）等传感器获得的地表反射率数据计算此参数。

（4）发射率：基于 NDVI 和发射率之间的半经验关系[CAS 97]，i.emissionivity 命令提供了一种计算 8～14μm 光谱范围内地表发射率的方法，适用于离散的中等密度植被冠层：若 NDVI 为 0.15～0.71，则发射率计算结果在 0.97～0.99 之间。

（5）生物量增长：根据 Bastiaanssen 和 Ali[BAS 02]以及 Chemin 等[CHE 05]的方法，可以使用 i.biomass 命令计算植物生物量的每日增长量。计算需要 fPAR（光合有效辐射吸收比例）、光利用效率、大气透射率、水量等输入参数。对于最后一个参数，可以考虑使用 i.eb.evapfr 命令计算的结果。事实上，该命令可以计算水汽百分比和土壤含水量，是水汽百分比计算命令分组的一部分，该命令分组还提供估计瞬时净辐射、土壤热通量、感热通量、潜在蒸发量（Hargreaves，PenmanMonteith 或 Priestley-Taylor 方法）、实际蒸发量及其时间综合的功能。

3.3.9 分类和分割

本节将阐述聚类和无监督分类（i.cluster，然后是 i.maxlik），最大似然分类（MLC）（i.gensig 或 g.gui.iclass，然后是 i.maxlik），有监督上下文分类（i.gensigset，i.smap）和面向对象分割（i.segment）等影像处理功能。

（1）聚类和无监督分类：通过 i.cluster 命令，可以使用 k-means 算法对具有相似光谱响应的像素进行聚类。用户需要指定聚类的个数，约束聚类迭代过程的参数，以及对影像进行采样的行数和列数。可以使用 i.group 命令对用户定义的有限子类进行光谱聚类。当用户指定了类别的初始光谱响应（如通过 i.gensig 命令获得）之后，程序可以在半监督模式下运行，然后通过迭代算法修改。结果是一个包含最终分类统计信息（均值与协方差）的文件，将用作 i.maxlik 的输入，进行第二阶段的分类。

（2）监督分类 MLC 的统计信息：i.gensig 命令用于根据用户定义的代表每个主题类的标识像素地图获取分类统计信息。地面真图（ground truth map）可以使用 wxGUI 矢量数字化命令通过影像数字化后得到的矢量文件生成。然后，将分类统计信息文件作为 i.maxlik 的输入。

（3）生成 MLC 统计信息的交互工具：g.gui.iclass 命令用于操作交互工具，可以定义影像上的兴趣区，并创建由这些区域表示的主题类光谱响应。该工具可以通过显示各通道中的分类光谱响应直方图，以及基于距离阈值指定每个分类的像素（包含在区间为平均值±标准差内的光谱响应）调整监督学习过程。其结果是一个矢量图，统计信息文件同样也作为 i.maxlik 命令的输入。

（4）最大似然分类（MLC）：i.maxlik 命令用于依据极大似然准则实现像素分类算法，其中，假设分类的光谱响应服从高斯分布（如果不服从，则应排除该类）。程序会生成分类影像，以及"拒绝（未归类）栅格地图"影像。基于 χ^2 检验，"拒绝（未归类）栅格地图"影像根据 16 个预定义的置信区间（拒绝指数 1 代表分类良好的像素，拒绝指数 16 代表潜在的错误分类像素）识别被拒绝（未归类）的像素。综上所述，i.maxlik 既可以在无监督分类环境（参见上述的聚类）中使用，也可以在有监督分类环境中使用。

（5）SMAP 分类统计：i.gensigset 命令用于根据用户定义的先验信息识别每个主题类中子类的光谱响应。主题类由栅格影像定义，指定像素属于某一个分类（兴趣区）。根据这种划分，程序将依据混合高斯响应假设，确定光谱有显著差异的子类最佳个数，并生成这些子类的统计信息，作为 i.smap 程序的输入。

（6）SMAP 分类：i.smap 命令基于序贯极大先验估计（sequential maximum apriori estimation）算法进行分类[BOU 94，MCC 95]。该方法依赖于多种分辨率的影像分割，因此导致分类影像具有或多或少的过平滑度。此分类方法不适用于掩膜或具有零值的影像。

（7）面向对象分类：对于空间分辨率非常高的影像，使用逐像素（pixel-by-pixel）分类困难且效率低下，因此建议通过创建对象（像素的连续区域）对影像进行分割，然后再将其作为分类处理算法，如 i.maxlik 的输入。i.segment 命令可以创建相似且连续的像素组，其中，相似准则是根据像素辐射度和由定义对象的像素组周长及面积确定的紧密度与平滑度指数计算的距离（欧几里得距离或曼哈顿距离）。通过改变阈值，可以调节分割的精细度。

GRASS Wiki 包含一个预分类、分类工具的表格（https://grasswiki.osgeo.org/wiki/Image_classification，2020.7.24），提供了联合使用多个模块的方法。

3.4　使用 QGIS 中的 GRASS GIS 功能

联合使用 QGIS Desktop 和 GRASS GIS。例如，使用集成了 GRASS 7.2.0 的 QGIS Desktop 2.18.6 时，需要清晰地理解 QGIS 和 GRASS 之间接口发挥的重要作用。若要在 QGIS 中使用 GRASS 工具，应该首先使用 Plugins→Install/Manage Plugins（插件→安装/管理插件）命令激活 GRASS 插件，并在扩展列表中勾选 GRASS 7 选项框（图 3.10）。

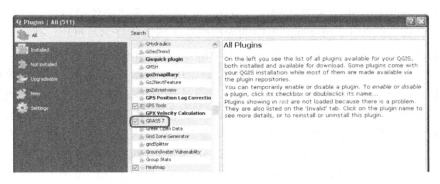

图 3.10　在 QGIS 中激活 GRASS 7 插件

执行 Extension→GRASS（扩展→GRASS）命令可以显示 GRASS 工具栏（见3.2.2 节），包括用于打开、创建和关闭数据集的工具。

注意，通过单击 QGIS 菜单栏下面的图标也可以直接访问 GRASS 工具（图 3.11）。

除了直接访问 GRASS 工具，通过 QGIS 处理工具包还可以执行 GRASS 扩展的 GRASS GIS 7 命令（见 2.2 节）。实际应用中建议主要使用 GRASS 工具箱，可以执行一些特有的 GRASS GIS 7 命令（参阅 314 个可用的地理算法列表）。

图 3.11　在 QGIS 中访问 GRASS 工具的图标

3.4.1　创建、打开、关闭数据集和添加栅格文件

打开 GRASS 工具后，通过 New data set（新建数据集）选项可以依次定义 GRASS 数据库目录、新的 GRASS 位置（sector）名称、地理投影、GRASS 区域（region）以及新的 GRASS 数据名称。

下面给出一个示例，将位于尼泊尔孙萨里（Sunsari）地区的一个测试区 SPOT 5 影像提取后导入新数据集（原始影像于 2014 年 5 月 10 日获取，©CNES/Distribution Spot Image）。该影像由 SPOT Image 公司提供，空间分辨率为 2.5m，为 3 通道彩色影像，由分辨率为 10m 的多波段影像与分辨率为 2.5m 的全色影像融合获得（锐化）。使用 ENVI 软件，提取了 1296 行×1494 列，将三个通道分为近红外、红色和绿色，地理投影方式为 UTM area 45 North。

值得注意的是，可以通过 QGIS 功能从矢量文件中提取子影像：

首先，使用 Raster→Extraction→Clipper（栅格→抽取→裁剪）命令（参阅 http://www.qgistutorials.com/fr/docs/raster_mosaicing_and_clipping.html，2020.7.24），同时，三通道分离可以使用 Raster→Conversion→Convert（栅格→转换→转换）命令(使用 GDAL 转换功能)，或使用 Processing Tools→SAGA→Imaging Tools→Split RGB Bands（处理工具→SAGA→影像工具→拆分 RGB 波段）命令完成。但是需要确保创建的子影像不是压缩的 TIFF 格式，避免子影像只可以预览，而不能进行处理。

其次，可以使用 Layer→Add Layer→Add Raster Layer（图层→添加图层→添加栅格图层）命令在 QGIS 中显示近红外通道影像（图 3.12）。

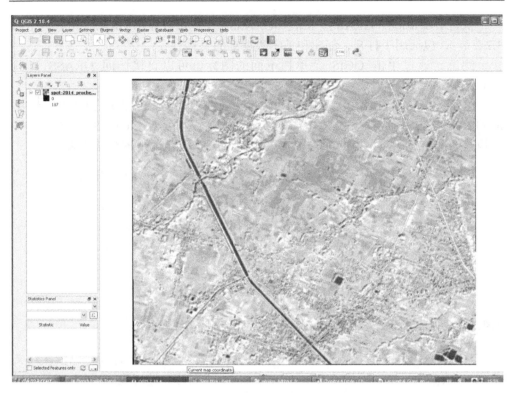

图 3.12　在 QGIS 中显示近红外通道影像

再次，使用 Plugins→GRASS→New Mapset（插件→GRASS→新建地图集）命令，可以定义 GIS 数据的目录，示例如下：C:/GRASS/GRASS_DATA（图 3.13）。

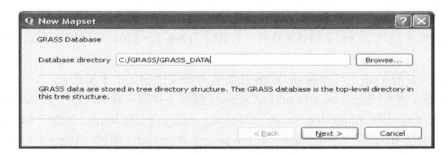

图 3.13　定义 GRASS GIS 数据库目录

然后，创建一个新的 GRASS 位置，名为 NEPAL，地理投影为 EPSG：32645 编码定义的 WGS 84/UTM zone 45N（图 3.14）。

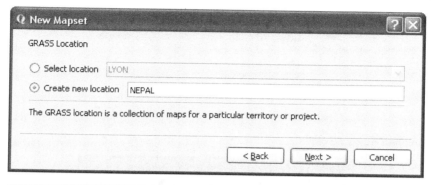

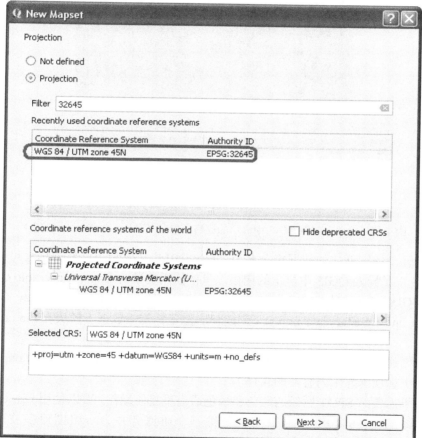

图 3.14　创建新的 GRASS 位置并选择地理投影

　　接着，单击"下一步"显示 GRASS 区域的默认定义，该区域对应之前在 QGIS 中显示的栅格文件的地理范围（图 3.15）。

图 3.15　根据先前在 QGIS 中显示的栅格影像定义默认 GRASS 区域的坐标

　　最后，将新创建的数据集命名为"spot_2014"，成为当前数据集。可以使用 GRASS 工具导入 QGIS 中显示的栅格。具体使用选项为 Import raster into GRASS from QGIS view（从 QGIS 视图中导入栅格到 GRASS）的 Create new GRASS location and transfer data into it（创建新的位置并传输数据）模块和 r.in.gdal.qgis 命令。

　　将创建的通道命名为 SPOT_NIR_grass，导入后可以通过单击 View ouput（查看输出）选项卡显示内容（图 3.16）。

　　如果需要对 SPOT 影像的红色和绿色通道重复该操作，可以使用 i.group 命令（请参阅 GRASS GIS 7 命令列表）将三个通道合并为一组创建多波段影像（图 3.17）。需要注意，该命令是对 QGIS 中显示的文件进行操作，不需要事先将其导入 GRASS。

　　多波段影像显示为合成的彩色影像，三个通道分别对应红色、绿色和蓝色。在下面的示例中，三个通道按顺序分别记录为 1=近红外，2=红色，3=绿色，显示的结果是经典的假彩色合成影像，其中绿色植被显示为红色（图 3.18）。

图 3.16 导入 GRASS 后显示栅格影像

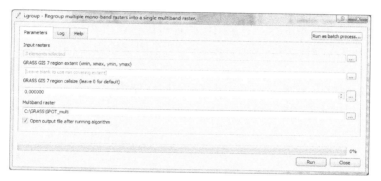

图 3.17 使用 i.group 命令将多个单波段栅格重组为一个多波段栅格

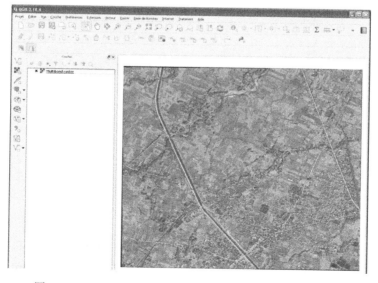

图 3.18 QGIS 显示三波段栅格的红-绿-蓝假彩色合成影像

该图的彩色版本参见 www.iste.co.uk/baghdadi/qgis1.zip，2020.7.24

生成的多波段影像文件可以保存为标准格式，如 GeoTIFF，也可以在一个分组内创建子分组，然后在影像处理程序，如在 i.cluster 或 i.maxlik 中使用这些输入元素。指定子分组是进行分类的先决条件，但是此选项不会出现在 i.group 对话框中，因此需要使用批输入功能或命令行（请参阅 GRASS 工具中的 GRASS shell）。

3.4.2　创建、添加和编辑矢量图层

外部文件可以使用 v.in.ogr 命令导入；对于在 QGIS 中显示的文件，可以使用 v.in.ogr.qgis 命令导入。通常，GRASS 对矢量图层使用拓扑模型，即面不是用封闭且不同的多边形表示，而是用一个或多个边界表示。相邻多边形之间的边界仅需进行一次数字化，并由两个面共享。边界必须无缝连接，每个面由其质心标识（和标记）。除了边界和质心，矢量图层内还可以包含点和线。所有这些几何元素都可以混合在矢量图层中，并在 GRASS 矢量图层中以不同的"子图层"形式出现。

以尼泊尔测试区为例，可以使用与水文网络相关的矢量文件（.shp 文件）。将此矢量图层添加到 QGIS 项目中，然后使用 v.in.ogr.qgis 命令将矢量文件导入GRASS（图 3.19）。

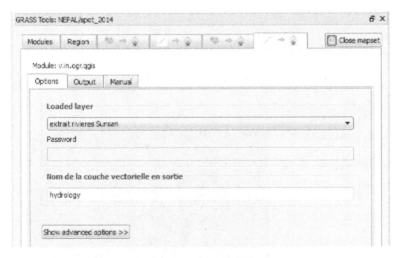

图 3.19　将 QGIS 中显示的矢量图层导入 GRASS

然后就可以在 QGIS 中显示栅格影像，并叠加水文网络矢量图层（图 3.20）。

更多信息（支持的数据格式、矢量属性对话框、编辑矢量、查询构建器并将结果保存到新图层）可以参阅在 QGIS 中编辑矢量数据的教程：https://docs.qgis.org/2.2/en/docs/user_manual/working_with_vector/index.html，2020.7.24。

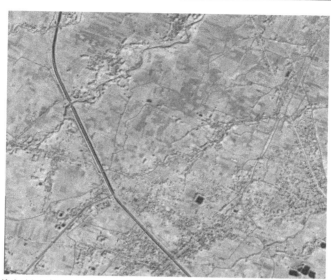

图 3.20 将矢量文件导入 GRASS 后，在 QGIS 中显示栅格影像和叠加的矢量文件

该图的彩色版本参见 www.iste.co.uk/baghdadi/qgis1.zip，2020.7.24

3.4.3 使用 QGIS-GRASS 进行影像处理示例

下面举例说明使用矢量文件提取影像子集，由此显示三个通道的颜色合成并计算经典的植被指数（NDVI）的过程。使用在 2011 年 4 月 11 日提取的 Landsat 影像，原始影像可以从 USGS Earth Explorer 或 GLOVIS 网站中免费下载。对于每个 TM 通道，可获得 GeoTIFF 格式的 Landsat 整景影像（path 197，row 38），其空间分辨率为 30m，地理投影为 UTM zone 31 North。本示例中，使用以数字计数的原始数据（从 0～255）。需要注意的是，USGS 可提供已经过反射率校正的数据（高级数据产品），建议使用这种类型的数据获得 NDVI 值，可以获得与冠层地面测量值接近的结果。

示例中还提供了法国里昂（Lyon）市郊轮廓的矢量地图（文件类型：.shp）。使用 ENVI 软件提取了 1416 行×953 列的子影像，地理范围包括里昂市区。在 QGIS 中，添加这些影像的 TM2、TM3 和 TM4 通道栅格地图，以及行政管理单位（"社区"）边界矢量文件。图 3.21 展示了 QGIS 中叠加行政管理单位矢量文件和栅格影像（TM4 通道）的显示结果。

为了只选中与里昂市["大里昂"（Grand Lyon）行政管理单位]地理范围相对应的部分影像，可以使用 QGIS 中的 Raster→Extraction→Clipper（栅格→抽取→裁剪）命令。在弹出的对话框中指定输出文件的名称（TM4_dcp）、用于定义地理掩膜的矢量文件名称以及指定未被掩膜选择的影像区域像素值（此处为 255）（图 3.22）。此窗口还显示了用于该操作的 GDAL 命令。

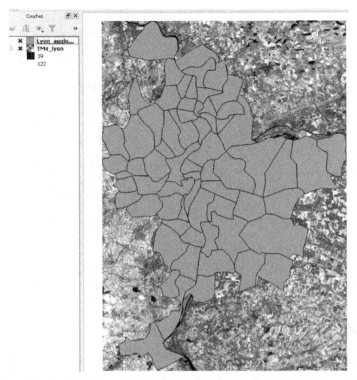

图 3.21　叠加显示里昂（Lyon）市行政单位矢量文件和栅格影像（TM4 通道）

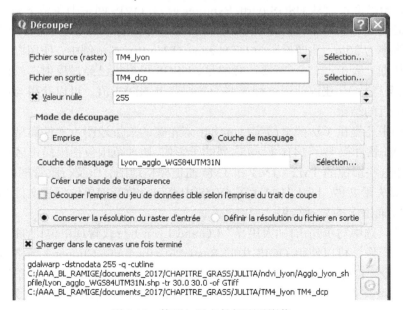

图 3.22　使用矢量文件提取子影像

得出结果如图 3.23 所示。

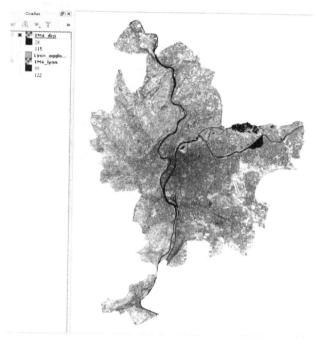

图 3.23　屏蔽里昂市区外的区域后显示的 Landsat 影像（TM4 通道）

在对 TM2 和 TM3 通道重复上述操作之后，可以使用 i.group 模块将 TM4、TM3、TM2 通道影像组合（图 3.24），并获得图 3.25 所示的彩色合成影像，其中 TM4 通道为红色，TM3 通道为绿色，TM2 通道为蓝色。

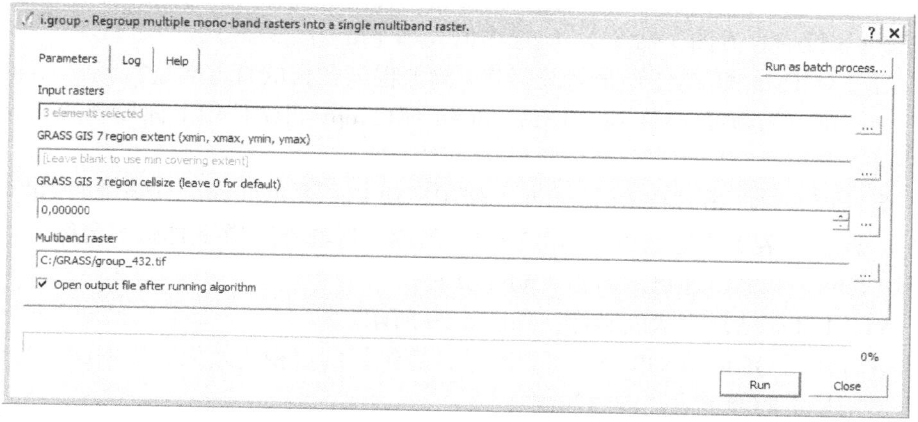

图 3.24　使用三个 Landsat 影像（TM4、TM3、TM2）创建多波段影像

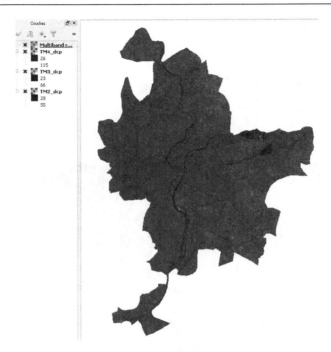

图 3.25 多波段 Landsat 影像的彩色合成（红色=TM4，绿色=TM3，蓝色=TM2）
该图的彩色版本参见 www.iste.co.uk/baghdadi/qgis1.zip，2020.7.24

通过调整三个通道的对比度可以改善彩色合成的可视化效果。执行 QGIS 命令 Raster→Conversion→Translate（Convert format）[栅格→转换→转换（转换格式）]，会显示 GDAL 命令 gdal_ translate 的对话框。编辑此命令，添加"-scale 0 140 0 255"选项，可以将 0～140 的原像素值指定为新影像的 0～255，从而拉伸直方图。计算并显示 TM4 通道影像的直方图之后，如使用 Layer→Properties→Histogram（图层→属性→直方图）命令），应选中值 0 和 140（图 3.26）。

通过对 TM3 和 TM2 通道重复操作（阈值根据各自的直方图进行调整），创建了三个修正后的影像 TM4_opt、TM3_opt 和 TM2_opt。再次使用上面提到的 i.group 模块可以获取改进后的彩色合成影像，如图 3.27 所示。

为计算 NDVI 植被指数（图 3.28），使用模块 i.vi（参见处理工具箱中的 GRASS GIS 7 模块列表）给定红色通道（TM3）名称、近红外通道（TM4）名称、指数类型（ndvi）和输出通道的名称（ndvi.tif）。

NDVI 计算结果为灰度影像，如图 3.29 所示。

联合使用 QGIS 和 GRASS 可以改善计算结果的可视化效果。以 NDVI 为例，可以使用指定的颜色表（图 3.30）。

此外还可以计算每个行政管理单位（"社区"）的 NDVI 平均值。使用 QGIS

图 3.26 使用 GDAL 转换命令拉伸直方图

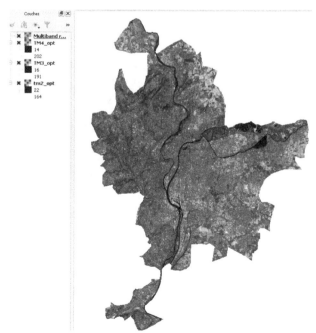

图 3.27 对比度增强后三通道 TM4（红色）、TM3（绿色）、TM2（蓝色）的彩色合成影像

该图的彩色版本参见 www.iste.co.uk/baghdadi/qgis1.zip，2020.7.24

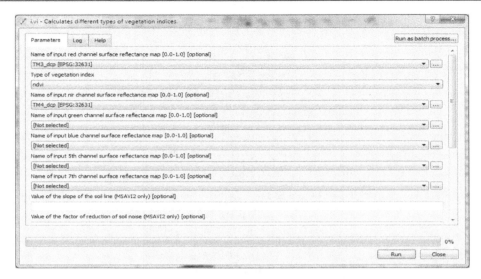

图 3.28　计算 NDVI

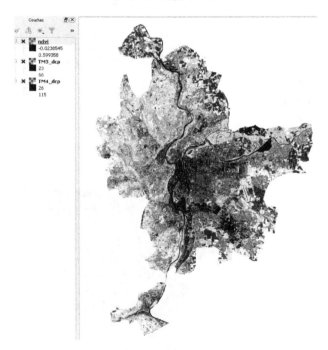

图 3.29　根据图 3.27 提取的部分 Landsat 影像计算得到的 NDVI 灰度影像

黑色为低 NDVI，白色为高 NDVI

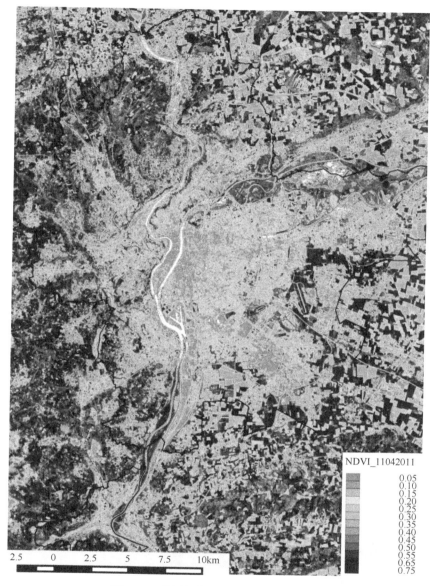

NDVI_11042011

0.05
0.10
0.15
0.20
0.25
0.30
0.35
0.40
0.45
0.50
0.55
0.65
0.75

2.5　0　2.5　5　7.5　10km

图 3.30　使用颜色表可视化 NDVI 结果

该图的彩色版本参见 www.iste.co.uk/baghdadi/qgis1.zip，2020.7.24

地理处理工具 Rasters tools→Zonal statistics（栅格工具→区域统计），可以分区域
生成 NDVI 平均值，每个区域是用矢量文件中多边形轮廓定义的行政管理单位。
区域统计也可以使用 GRASS 的 r.statistics 模块进行，但这仅适用于由栅格文件定
义的区域。每个行政单位的 NDVI 平均值可视化效果如图 3.31 所示。

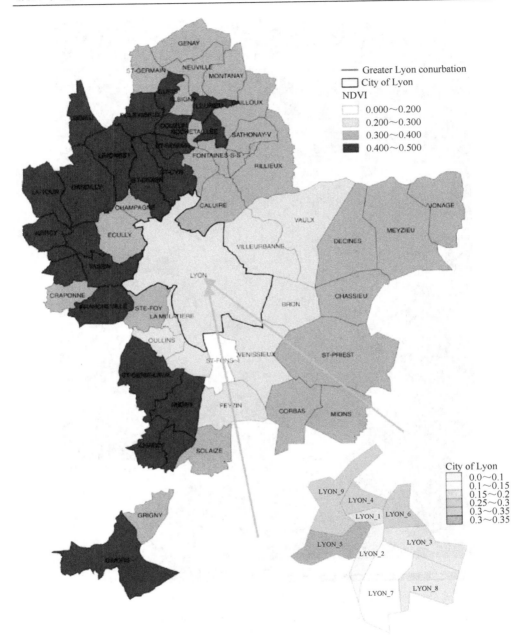

图 3.31　每个行政管理单位的平均 NDVI 可视化结果

该图的彩色版本参见 www.iste.co.uk/baghdadi/qgis1.zip，2020.7.24

　　总之，联合使用 QGIS 和 GRASS，既可以进行复杂的空间处理，又可以优化呈现结果。在 QGIS 应用程序中（参阅 https://www.qgis.org/en/site/about/case_studies/

index.html#id1，2020.7.24），有许多联合使用 QGIS 和 GRASS 从遥感影像数据获得专题地图的示例。

3.5 致谢

本章作者衷心感谢 CNRS ANR Terre-Eau 项目组（ANR-12-AGRO-0002-02）对购买尼泊尔 Sunasri 地区 SPOT 5 影像以及从尼泊尔加德满都敏巴万调查局国家地理信息基础设施计划中购买水文数据的鼎力支持。

3.6 参考文献

[BAS 02] BASTIAANSSEN W. G. M., ALI S., "A new crop yield forecasting model based on satellite measurements applied across the Indus Basin, Pakistan", Agriculture, Ecosystems and Environment, vol. 94, no. 3, pp. 321-340, 2002.

[BOU 94] BOUMAN C., SHAPIRO M., "A Multiscale Random Field Model for Bayesian Image Segmentation", IEEE Transactions on Image Processing, vol. 3, no. 2, pp. 162-177, 1994.

[CAS 97] CASELLES V., COLL C., VALOR E., "Land surface emissivity and temperature determination in the whole HAPEX-Sahel area from AVHRR data", International Journal of Remote Sensing, vol. 18, no. 5, pp. 1009-1027, 1997.

[CHE 05] CHEMIN Y., PLATONOV A., ABDULLAEV I. et al., "Supplementing farm level water productivity assessment by remote sensing in transition economies", Water International, vol. 30, no. 4, pp. 513-521, 2005.

[KAU 76] KAUTH R. J., THOMAS G.S., "The Tasseled Cap-A Graphic Description of the Spectral-Temporal Development of Agricultural Crops as Seen by LANDSAT", Proceedings of the Symposium on Machine Processing of Remotely Sensed Data, available at: http://docs.lib.purdue.edu/lars_symp/159/, 1976.

[MCC 95] MCCAULEY J. D., ENGEL B. A., "Comparison of Scene Segmentations: SMAP, ECHO and Maximum Likelihood", IEEE Transactions on Geoscience and Remote Sensing, vol. 33, no. 6, pp. 1313-1316, 1995.

[VER 97] VERMOTE E. F., TANRE D., DEUZE J.L. et al., "Second simulation of the satellite signal in the solar spectrum, 6S: an overview", IEEE Transactions on Geoscience and Remote Sensing, vol. 35, no. 3, pp. 675-686, 1997.

4

在 QGIS 中使用 SAGA GIS 模块

Paul Passy，Sylvain Théry

4.1 QGIS 中的 SAGA GIS

4.1.1 SAGA GIS 的发展

SAGA GIS 是一款免费的开源软件，于 21 世纪初期开发。SAGA GIS 主要由德国汉堡大学自然地理系的团队管理，是一款支持多种操作系统的软件，可以在 Windows、Linux 和 Mac OSX 中运行。

SAGA GIS 分为不同的模块，可处理栅格和矢量数据，具有广泛的应用。有些模块专用于多光谱影像处理、地貌学、水文学、地理统计学、景观生态学等。虽然 SAGA GIS 以其强大的栅格处理功能闻名，但它也有许多专用于矢量处理模块[空间分析、缓冲区定义、泰森（Thiessen）多边形等]。该软件使用 GDAL 和 OGR 库分别管理栅格和矢量格式，支持多种格式数据的处理。

得益于世界各地众多地球科学实验室的研究，SAGA GIS 能提供强大且非常有趣的功能，但其在线帮助文档资源比较匮乏。

在 QGIS 2.16 版本之后，可以直接在 QGIS 界面中使用 SAGA GIS 模块。因此，可以将 QGIS 的灵活性和实用性与 SAGA GIS 的强大功能结合在一起。但需要注意的是，有些模块仍未在 QGIS 中实现。

4.1.2 QGIS 中的 SAGA GIS 接口

4.1.2.1 安装

在 Windows 系统中，SAGA GIS 扩展自动与 QGIS 一起安装。通常使用"OSGeo 网络安装程序"中的"高级用户"选项安装 QGIS，这样用户可以精确地选择安装包括 SAGA GIS（图 4.1）不同模块的版本。

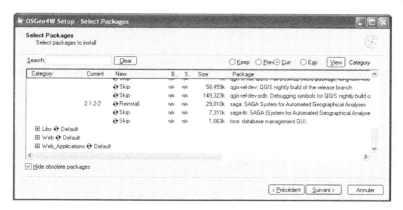

图 4.1 使用 OSGeo 安装程序安装 SAGA GIS

在 Linux 系统中，SAGA GIS 安装过程根据使用的不同发行版本（Debian、Ubuntu、Linux Mint 等）而有所不同，根据 QGIS 官网（https://qgis.org，2020.7.27）上提供的说明即可进行安装。

4.1.2.2 运行 SAGA GIS 模块

在 QGIS 中运行 SAGA GIS 模块非常容易。首先要确认 Processing Toolbox（处理工具箱）已安装并且可用。为此需转到 QGIS 的 Plugins（插件）菜单，查找名为 Processing（处理）的插件，如果没有安装则进行安装，然后勾选相应的选项框，以确保此工具箱在 QGIS 中可用（图 4.2）。

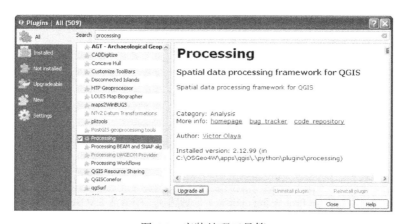

图 4.2 安装处理工具箱

要使用此工具箱，需单击 Processing（处理）菜单，然后选择 Toolbox（工具箱）。QGIS 窗口右侧会出现一个名为 Processing Toolbox（处理工具箱）的新面板（图 4.3）。

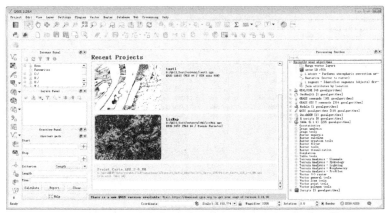

图 4.3　QGIS 窗口右侧的 Processing Toolbox（处理工具箱）

如果未显示 SAGA GIS 模块，需要单击 Processing Toolbox（处理工具箱）面板底部的 enable additional providers（启用其他提供者），会出现一个新窗口 Processing options（处理选项），逐步展开 Providers 和 SAGA，然后选中 Activate（激活）框即可激活 SAGA 模块（图 4.4）。

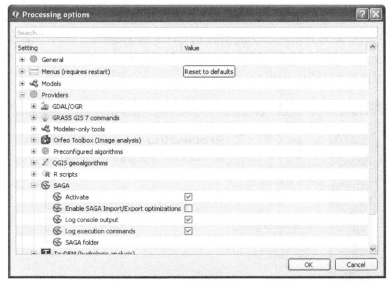

图 4.4　在 Processing options（处理选项）中激活 SAGA 模块

在此工具箱中，可以使用 SAGA GIS 模块以及 GDAL、QGIS 和 GRASS GIS 模块。

安装完成后，在 Processing Toolbox（处理工具箱）中展开 SAGA 选项，即可使用 SAGA 模块。SAGA 有 235 个模块。但 QGIS 中使用的 SAGA GIS 版本并非最新版本。这些模块根据其应用领域进行划分，包括 Geostatistics（地理统计）、

Raster tools（栅格工具）、Vector general tools（矢量通用工具）等。展开不同的模块分组，可以使用不同功能的模块。例如，展开 Raster tools（栅格工具）模块分组时，可以使用 Aggregation（聚合）、Close gaps（空隙闭合）等模块。要使用某一模块，双击其名称即可。如果知道模块的名称，也可以在 Processing Toolbox 顶部的面板中键入其名称搜索该模块。在以下链接 http://www.saga-gis.org/saga_tool_doc/2.1.4/a2z.html，2020.7.27，可以找到每个模块的详细信息。但美中不足的是，该文档可能不如读者想象的那样完善。

本章中以下章节分为三个部分。第一部分介绍如何使用 SAGA GIS 处理多光谱卫星影像；第二部分说明如何在 QGIS 中使用 SAGA GIS 提取水文网络；第三部分探讨如何使用 SAGA GIS 进行插值。

4.2　使用 SAGA GIS 处理多光谱卫星影像

4.2.1　方法

本节将介绍在 QGIS 中使用 SAGA GIS 和 Landsat-8 高分辨率影像构建土地利用图的方法。研究区域位于塞尔蓬松湖（Serre-Ponçon Lake）周围（图 4.5），具体位置是法国阿尔卑斯山（French Alps）的迪朗斯河（Durance River）流域（44°31′47″N，6°23′35″E）。

本章使用决策树构建该地区的土地利用图层，该技术支持精确定义特定的分类规则。决策树根据原始 Landsat 波段的特定阈值及其衍生指数生成，这些指数包括土壤调节植被指数 SAVI 或自动水文提取指数（automated water extraction index，AWEI），主要处理步骤如下：

图 4.5　法国阿尔卑斯山塞尔蓬松湖的位置

（1）获取和展示数据；

（2）卫星影像辐射校正；

（3）根据研究区裁剪影像；

（4）生成彩色合成影像和对研究区域分析；

（5）计算 SAVI 和 AWEI 指数；

（6）定义决策树；

（7）实现决策树；

（8）对分类结果进行滤波；

（9）通过像素重新分类简化土地利用类别。

4.2.2 获取和展示数据

实验中使用 2016 年 8 月 23 日拍摄的 Landsat-8 多光谱影像。Landsat-8 是美国 Landsat 计划的第八颗卫星，该计划始于 20 世纪 70 年代初期。传感器从 2013 年 2 月起进入轨道，平均每 16 天拍摄一幅同一地方的影像。它是一个多光谱传感器，能够记录 11 个不同光谱波段的地面反射能量（表 4.1）。根据光谱波段的不同，空间分辨率在 15～100m 之间。Landsat 影像可以从许多网站免费获得，最便捷的门户之一是 USGS 管理的门户：Earth Explorer（https://earthexplorer.usgs.gov/，2020.7.27）。用户注册后就可以从美国国家航空航天局（National Aeronautics and Space Administration，NASA）甚至欧洲航天局网站下载所有 Landsat 档案和其他产品。

表 4.1 Landsat-8 波段特征

光谱波段	波长/μm	域	分辨率/m
1	0.433～0.453	深蓝	30
2	0.450～0.515	蓝色	30
3	0.525～0.600	绿色	30
4	0.630～0.680	红色	30
5	0.845～0.885	近红外	30
6	1.560～1.660	中红外 1	30
7	2.100～2.300	中红外 2	30
8	0.500～0.680	全色	15
9	1.360～1.390	红外	30
10	10.600～11.200	热红外 1	100
11	11.500～12.500	热红外 2	100

除 Landsat 影像，这里还提供了表示研究区范围的 shapefile 文件，文件中仅包含一个矩形，用于裁剪 Landsat 影像，以便将开展实验的影像区域限制在研究区内。

4.2.3 卫星影像辐射校正

在处理卫星影像之前，需要先进行一些预处理。

第一步是根据投影系统对影像进行地理配准，并使用与控制点耦合的数字高程模型（DEM）对影像进行正射纠正。大多数情况下，从不同门户网站下载的影像上已经完成正射纠正。本示例中，使用的投影系统是 UTM zone 31N 系统（EPSG代码 32631），实验中将统一使用该投影系统。

第二步是将传感器记录的数值转换为表观反射率。之后卫星影像的每个像素值对应的是大气表观（top of atmosphere，TOA）反射率[OSE 16]。这一步可以消除从大气层到传感器的传播路径中添加到反射率的"噪声"，这种校正通常称为"辐射校正"。

第三步是"大气校正"，即去除大气中的"噪声"以获得地表反射率。这种噪声可能是大气潮湿或气溶胶引起的。有许多方法可以进行此项校正，但在本示例中，此校正并非必要，因为其只使用了一天和较小区域的影像[SON 01]。实际上，进行该校正后可能反而会增加影像的噪声。因此，这里不需要进行大气校正。

现在介绍如何进行唯一需要的校正：辐射校正，以获得大气表观（TOA）反射率。可以手动或自动进行此校正，这里使用 QGIS 的扩展模块进行该操作。

此处使用的模块称为"半自动分类插件"（Semi-Automatic Classification Plugin，SCP）。该模块主要用于卫星影像分类，也可以用于进行部分预处理。要安装此模块，需单击 Plugins→Manage and install plugins（插件→管理和安装插件），在搜索栏中键入插件名称进行搜索，然后单击 Install（安装）（图 4.6）。

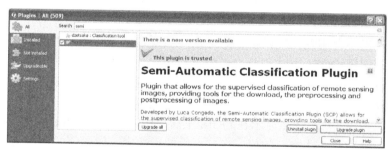

图 4.6 安装"半自动分类插件"模块

安装此模块后，会出现一个名为"Semi-Automatic Classification Plugin"的新菜单选项。现在可以对 Landsat 影像进行辐射校正。为此，转到菜单 Semi-Automatic Classification Plugin→Preprocessing→Landsat（半自动分类插件→预处理→Landsat）。在新窗口中，找到 Directory containing Landsat bands（包含 Landsat 波段的目录）行，然后搜索包含 Landsat 波段的目录。此目录还应包含与 Landsat 影像关联的元数据文件（.MTL）。该元数据文件是进行辐射校正所必需的。设置好路径后，模块会自动检测（根据元数据文件检测）与影像关联且需要校正的数据（传感器、获取的数据、光谱波段等）（图 4.7）。

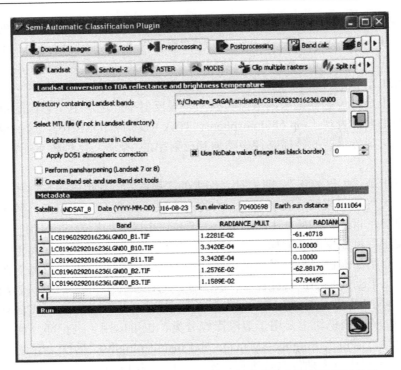

图 4.7　Semi-Automatic Classification Plugin 模块中的辐射校正设置
该图的彩色版本参见 www.iste.co.uk/baghdadi/qgis1.zip，2020.7.27

　　尽管这里不会用到大气校正，但是这一步还是可以将热红外波段转换为摄氏度表示，并使用 DOS1 方法进行大气校正和锐化。这里可以使用默认参数，单击窗口右下方的黄绿色按钮开始运行。然后需要指定存储校正后波段的路径，可以将其命名为 L8_2016-08-23_TOA。校正过程可能需要几分钟时间。

　　完成校正后，新影像将显示在 QGIS 主窗口中，可以使用 Identify Features（识别要素）工具检查一些像素的值。在校正后的影像中，像素值的范围为 0～1，对应于不同的反射率值。在给定光谱波段中，反射率值为 1 的像素表示该像素反射了其光谱波段所有的入射能量，显示为白色。相反，反射率值为 0 的像素不反射任何能量，显示为黑色。

4.2.4　根据研究区裁剪影像

　　现在根据提供的 shapefile 文件 study_area_32631.shp 裁剪 Landsat 影像，以便聚焦于研究区。首先将此图层加载到 QGIS 中。该图层的投影系统已经与需要使用的投影系统（UTM 31N-EPSG 32631）一致。调整各个图层，将研究区域层置顶，然后排列 Landsat 波段，第一个在顶部，最后一个在底部（图 4.8）。

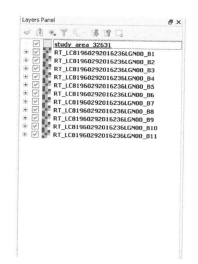

图 4.8　在 QGIS 中的不同图层排列

这里使用名为 Clip raster with polygon（根据多边形裁剪栅格）的 SAGA 模块裁剪影像。该模块位于 Processing Toolbox（处理工具箱），在菜单 SAGA 和 Vector<->Raster（矢量<->栅格）中。也可以在 Processing Toolbox 的搜索栏中键入其名称进行查找。然后弹出一个名为 Clip raster with polygon（根据多边形裁剪栅格）的新窗口。这里要将多个栅格按相同范围裁剪，因此选择 Run as batch process…（批处理运行……）选项。在新窗口中，设置所有需要裁剪的栅格和用于裁剪的 shapefile 文件。先单击 Input 列的图标"…"，然后单击 Select from open layers（选择打开的图层）。在 Multiple selection（多选）窗口中选择需要裁剪的影像。这里只裁剪前 7 个波段，不处理其余 4 个波段。在 Polygon（多边形）列中，选择用于裁剪 Landsat 波段的 shapefile 文件。使用同一个多边形裁剪所有波段，因此在每一行设置相同的文件。在 Clipped（裁剪后）列中，设置保存裁剪后波段的路径。这里将它们存储在一个名为 L8_2016-08-23_TOA 的目录中，并将波段命名为 BX_L8_2016-08-23_TOA_sp，用当前波段编号替换命名中的"X"。"sp"代表"Serre-Ponçon"。每次都选择选项 Do not autofill（不进行自动填充）。然后会出现一个如图 4.9 所示的窗口。可以将生成的影像直接加载到 QGIS 中。单击 Run（运行）开始进行处理。处理完成后，会弹出一个窗口提示操作已完成。

处理完成后，裁剪的图层将显示在 QGIS 中。为了更好地组织本实验，先关闭所有图层，然后只导入裁剪后的影像，按顺序将第一个波段排在顶层。现在，

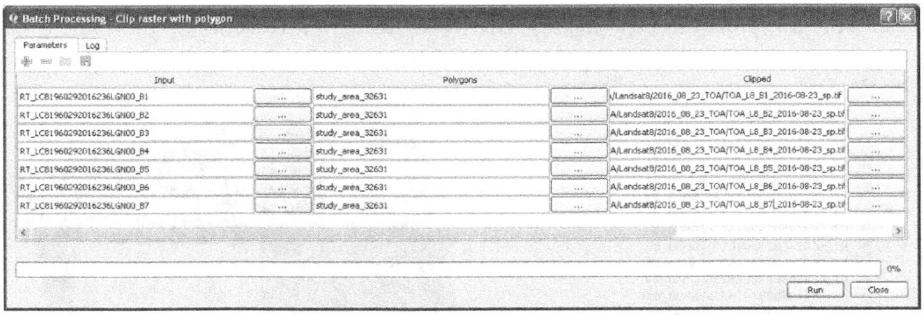

图 4.9 使用 Clip raster with polygon（根据多边形裁剪栅格）模块裁剪 Landsat 波段

我们有了用大气表观反射率表示的前 7 个 Landsat 波段，并且已经根据研究区进行裁剪（图 4.10）。

图 4.10 根据研究区（44°37′N，5°57″E）裁剪后的 Landsat 波段

4.2.5 生成彩色合成影像和对研究区域分析

为制作假彩色合成影像，使用 GDAL 工具融合所有 Landsat 波段，构建一个虚拟栅格。依次单击菜单栏 Raster→Miscellaneous→Build Virtual Raster（Catalog）…[栅格→杂项→构建虚拟栅格（编目）……]。在打开的新窗口中，选中 Use visible raster layers for input（使用可见栅格图层作为输入）选项框。在 Output file（输出文件）行中设置结果文件的存储路径，并将其命名为 TOA_L8_2016-08-23_stack。勾选 Separate（单独）选项框（图 4.11），以便后续能够分别管理虚拟栅格的每个波段。

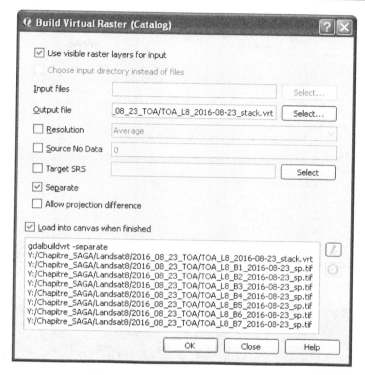

图 4.11　使用 GDAL 构建虚拟栅格
可以在窗口底部看到（和编辑）GDAL 语法

　　完成该过程后，虚拟栅格将直接显示在 QGIS 中。可以使用文本编辑器打开此虚拟栅格。它只是一个指向每个单独波段的 XML 文件。使用此虚拟栅格，可以构建彩色合成影像。如果希望突出该区域的植被，可以构建一个假彩色合成，用蓝色表示绿色波段，用绿色表示红色波段，用红色表示近红外波段（植被反射率最高）。右键单击虚拟栅格图层，转到 Properties（属性）和 Style（样式）。对于 Render style（渲染样式），选择 Multiband color（多波段彩色）。对于红色波段，选择波段 5（近红外），对于绿色波段，选择波段 4（红），对于蓝色波段，选择波段 3（绿）。然后选择 Stretch to MinMax（最大最小拉伸）选项提高对比度，单击 Load min/max values（加载最大/最小值）面板上的 Load（加载），获取每个波段的极值（图 4.12）。

　　获得的假彩色合成影像如图 4.13 所示。在该彩色合成影像中，植被根据状态或多或少显示为亮眼的红色。实际上，"茂盛"的植被会反射更多的红外线，因此影像中像素越红的地方植被覆盖率越高。

　　研究区是山岭地区，山脉西北侧的黑色区对应阴影。不同波段的反射率会受此现象影响。与平坦的区域相比，此类型区域的土地利用分类的难度更大。但如

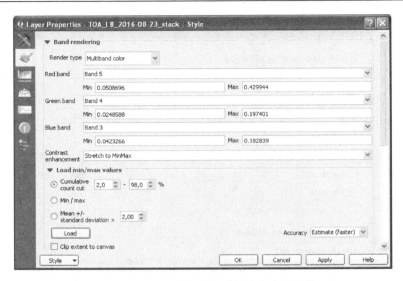

图 4.12 根据虚拟栅格构建假彩色合成影像

图 4.13 用红色表示近红外的假彩色合成

该图的彩色版本参见 www.iste.co.uk/baghdadi/qgis1.zip，2020.7.27

果将多个波段组合在一起计算指数，这种现象的影响会明显减小。

4.2.6 计算 SAVI 和 AWEI 指数

在这一部分将计算两个指数，首先是 SAVI 指数，它用于提取不同类别的植被。然后是 AWEI 指数，可以用来提取水面。

4.2.6.1 使用 SAVI 提取植被

归一化植被指数（NDVI）是最著名和使用最广泛的指数之一。但它并非是唯一的植被指数，还存在许多其他指数，如 SAVI。该指数考虑了土壤反射率，在穿过林冠时会产生一定程度的变化。SAVI 计算公式如下：

$$SAVI = \frac{(1+L)(NIR - R)}{NIR + R - L}$$ （4.1）

式中，NIR 是近红外波段；R 是红色波段；L 是考虑土壤亮度的因子。根据参考文献，大多数情况下 L 选择 0.5 比较合适。

可以使用 SAGA 中的 Vegetation index (slope based)[植被指数（基于坡度）]模块直接计算 SAVI。该模块在 Processing Toolbox（处理工具箱）SAGA 菜单的 Image analysis(影像分析)子菜单中。执行该模块时，会出现标题为 Vegetation index（slope based）[植被指数（基于坡度）]的新窗口。首先需要设置与近红外和红色对应的波段。在本示例中（Landsat-8），这两个波段分别是波段 5 和波段 4（图 4.14）。然后，选择需要计算的指数以及存储结果的路径。这里只计算 SAVI，并将其存储在 L8_201608-23_TOA 目录中，命名为 savi_L8_2016-08-23。

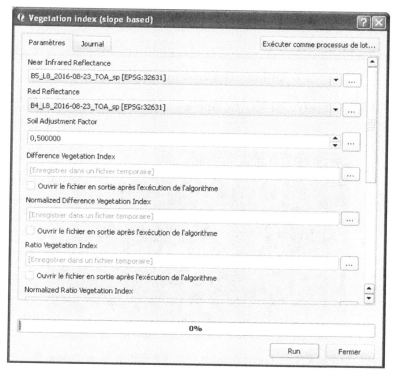

图 4.14　使用 SAGA 模块 Vegetation index (slope based)[植被指数（基于坡度）]计算 SAVI

在 QGIS 中会出现对应于 SAVI 的新图层，通过对应的属性和 Style（样式）

面板可以更改图层的样式。对于 Render type（渲染类型），选择 Singleband pseudocolor（单波段假彩色），对于 Colors（颜色），选择 Greens（绿色）查询表（图 4.15）。

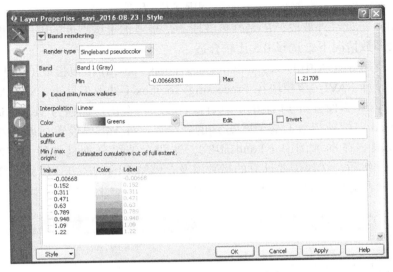

图 4.15　设置 SAVI 图层的样式

然后，单击 Classify（分类）和 Apply（应用），获得绿色基调的 SAVI 图层（图 4.16）。

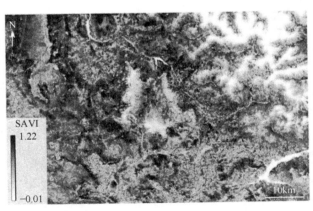

图 4.16　根据 2016 年 8 月 23 日的 Landsat-8 影像计算获得的 Serre-Ponçon 地区 SAVI 指数
该图的彩色版本参见 www.iste.co.uk/baghdadi/qgis1.zip, 2020.7.27

在此影像上（图 4.16），深绿色的像素是接近 1（最大值）的像素，白色的像素则是具有非常低的 SAVI 值（接近 0 甚至是负值）的像素。SAVI 值高的像素是植被茂密的像素，SAVI 值低的像素代表该处没有植被。绿色深度不同，SAVI 取值为 0～1，表示不同的植被密度。

4.2.6.2　使用 AWEI 提取水面

可以使用许多不同的指数从多光谱卫星影像中提取水面。本次实验使用 AWEI，因为它十分稳健且使用方便[FEY 14]。它是基于蓝、绿、近红外和中红外波段的一个经验指数。使用 AWEI 可以方便地区分水面像素与陆面像素。实际上，AWEI 设计为水面像素值大于 0，而陆面像素值小于 0。这个指数有两个版本，第一个版本用于没有阴影的影像，第二个版本用于有阴影的影像。以下为第二个版本公式[FEY 14]：

$$AWEIsh = B + 2.5 \times G - 1.5 \times (NIR + MIR1) - 0.25 \times MIR2 \qquad (4.2)$$

式中，AWEIsh 是具有阴影区域影像的 AWEI 指数。B 对应于蓝色波段（Landsat-8 的 B2）；G 对应于绿色波段（B3）；NIR 对应于近红外波段（B5）；MIR1 和 MIR2 对应于两个中红外波段（B6 和 B7）。

在 QGIS 或 SAGA GIS 中无法自动计算该指数，需要使用 QGIS 的栅格计算器进行计算，它位于菜单 Raster→Raster calculator（栅格→栅格计算器）中。公式需要手动输入，并使用正确对应的波段。结果图层存储在工作目录下，命名为 aweish_2016-08-23.tif（图 4.17）。

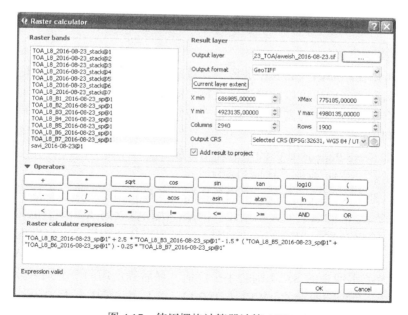

图 4.17　使用栅格计算器计算 AWEI

结果图层会直接显示在 QGIS 中,可以根据修改 SAVI 图层样式的步骤修改该图层样式。但是这次选择的是 Blues(蓝色)查询表,结果如图 4.18 所示。

图 4.18　根据 2016 年 8 月 23 日 Landsat-8 影像计算获得的 Serre-Ponçon 地区 AWEI 指数
该图的彩色版本参见 www.iste.co.uk/baghdadi/qgis1.zip,2020.7.27

影像中,深蓝色像素是 AWEI 值为正值的像素,因此这些像素代表水面,白色像素是 AWEI 值为负值的像素,也就是陆面像素。但受研究区地形的影响,阴影和多雪区域大多倾向于以正值形式出现。这是该指数的一个局限性。后面在构建决策树进行土地利用分类时会处理这个缺陷。

4.2.6.3　土地利用分类

1)定义决策树

现在可以使用原始 Landsat 波段、计算的指数和决策树进行研究区土地利用分类。如前所述,用户可以准确地定义每个波段和土地利用类别的反射率值。虽然该方法会很耗时,并且需要用户具备专业知识才能实现,但是最终可以精确地定义土地利用分类。

这里将 Serre-Ponçon 地区的土地利用分成 8 类:干雪、融雪、水、裸地/人工土、稀疏植被、草地/耕地、林地和密林。

先从雪地定义开始。AWEI 影像是检测雪地最有用的影像。在这一图层中,可以看到多雪地区的像素值大于 0.12。但是,水面像素的 AWEI 值也大于 0.12。因此需要一个区分雪地和游离水的准则。通过观察其他图层,可以发现 SAVI 可能有助于区分这两个类别。实际上,在大多数情况下,多雪地区的 SAVI 会大于 −0.25,而游离水像素的 SAVI 则会小于该值。最后确定用两个准则区分雪地和游离水。如果一个指定像素的 AWEI 大于 0.12,并且其 SAVI 大于 −0.25,该像素代表被雪覆盖的区域。如果一个像素的 AWEI 也大于 0.12,但是 SAVI 小于 −0.25,

则此像素对应开阔水域。请注意，此处选择的 AWEI 阈值是 0.12 而不是 0，这样设定阈值可以避免误判一些处在阴影区域的像素。

对所有类别应用上述类似的方法，可以获得如图 4.19 所示的决策树。例如，如果一个像素的 AWEI 值低于 0.12，第一波段（深蓝色）的反射率低于 0.17 且 SAVI 值介于 0.3～0.7，那么该像素属于稀疏植被。

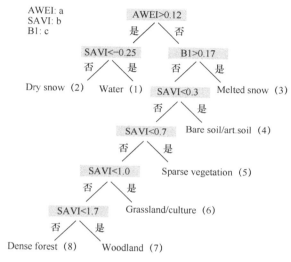

图 4.19　用于 Serre-Ponçon 地区 8 种土地利用类别分类的决策树
该图的彩色版本参见 www.iste.co.uk/baghdadi/qgis1.zip，2020.7.27

2）实现决策树

决策树定义完成后，可以使用 SAGA GIS 栅格计算器实现。在 Processing Toolbox 的搜索栏中键入名称找到该模块。在此模块中，首先需要设置输入图层。在 Main input layer（主输入图层）行，选择要使用的第一个图层。例如，选择 aweish_2016-08-23，它是之前计算的 AWEI。在使用的公式中，该图层命名为 a。接着通过单击行尾的图标"…"打开 Additional layers（其他图层）的子菜单。这里选择在决策树中用到的其他图层，即 SAVI（savi_L8_2016-08-23_ TOA_sp）和第一个 Landsat 波段（B1_L8_201608-23）。根据选择的顺序，这两个图层分别命名为 b 和 c。

该实现的主要难点是将决策树转换为 SAGA GIS 语法。这里使用逻辑 ifelse 指令：

```
ifelse(test, value if True, value if False)
```

例如，在决策树的第一层处理 AWEI 时，编写如下内容：

```
ifelse(Is the AWEI greater than 0.12, if yes I test if the SAVI
is less than -0.25, if no I test if the band 1 is greater than
0.17)
```

通过使用几个嵌套的 ifelse 指令，可以获得如下决策树，并将其写入栅格计算器的 Formula（公式）部分。

```
ifelse(a>0.12,ifelse(b<(-0.25),1,2),ifelse(c>0.17,3,ifelse
(b<0.3,4,ifelse(b<0.7,5,   ifelse(b<1,6,    ifelse(b<1.17,7,
8))))))
```

请注意，书写负值时需要将它们写在括号内。因此测试的是 "b<（–0.25）" 而不是 "b<-0.25"。完成所有设置后，结果如图 4.20 所示。

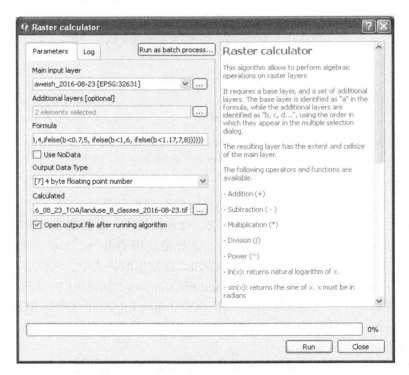

图 4.20　使用 SAGA GIS 栅格计算器实现决策树

在 Calculated（计算后）行中，将分类结果命名为 landuse_8_classes_2016-08-23.tif，并将其存储在工作目录中。该过程结束后，分类结果将直接显示在 QGIS 中，可以通过其属性和 General（通用）面板修改其名称。现在，Serre-

Ponçon 地区的土地利用分成了 8 类（表 4.2）。

表 4.2　Serre-Ponçon 地区的土地利用分为 8 类

像素值	土地利用分类	十六进制代码	颜色
1	水	#001dff	
2	干雪	#257cff	
3	融雪	#13d0ff	
4	裸土/人工土	#8c8c8c	
5	稀疏植被	#ffbe3b	
6	草原/耕地	#00db36	
7	林地	#02a200	
8	密林	#055c0f	

注：该表格的彩色版本参阅 www.iste.co.uk/baghdadi/qgis1.zip，2020.7.27。

通过图层的 Properties（属性）和 Band rendering（波段渲染）面板可以更改该图层的样式。样式可以通过设置 Render type（渲染）为 Singleband pseudocolor（单波段假彩色）进行定义。本示例中，通过加载 L8_landuse_8_classes.qml 文件使用预定义的样式。为加载此文件，需单击 Band rendering（波段渲染）面板底部的 Style（样式）图标，然后选择 Load style…（加载样式……）菜单。得到的分类结果如图 4.21 所示。

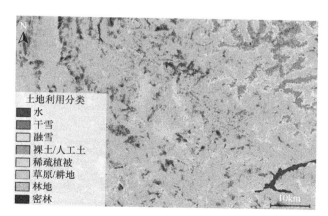

图 4.21　根据 2016 年 8 月 23 日 Landsat-8 影像获得的 Serre-Ponçon 地区土地利用
8 个类别分类结果

该图的彩色版本参见 www.iste.co.uk/baghdadi/qgis1.zip，2020.7.27

3）对分类结果进行滤波

示例中使用的土地利用分类方法（决策树）是"基于像素"的方法。影像的每个像素根据其在不同图层中的值分类为不同的类别。该方法的主要缺点之一是会产生"椒盐"效应的分类结果，其中许多孤立像素会分类不当，并给结果增加了一些"噪声"。这里可能很难准确地定义什么是"噪声"和什么是"现实"，尤其是对于高分辨率影像，但在同类区域中的孤立像素很有可能是"噪声"。减少这种"噪声"的一种常用方法是对分类结果应用 Majority filter（主成分滤波器）。

主成分滤波器是一个由用户定义大小与形状的移动窗口。该算法的原理是在窗口中查找主成分值，如果中心像素值与主成分值不相同，则替换中心像素值。通过 SAGA GIS 可以快捷应用此过滤器，使用的模块名为 Majority filter（主成分滤波器）。在打开的新窗口中，首先设置需要滤波的图层。这里选择 8 类土地利用分类结果 landuse_8_classes_brut_2016-08-23.tif，然后在 Search Mode（搜索模式）行中设置窗口的形状：正方形或圆形。本示例中选择了 Square（正方形）窗口。"半径"对应于窗口的大小，将其设置为 5 像素×5 像素。最后，在 Filtered Grid（滤波网格）行中，设置结果图层的名称，命名为 landuse_L8_2016-08-23_filter5.tif，并将其存储在工作目录中（图 4.22）。

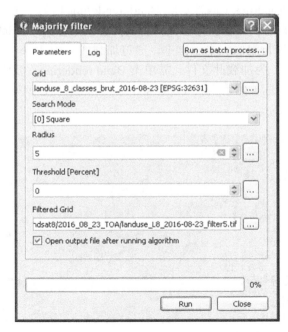

图 4.22　主成分滤波器在 SAGA GIS 的 8 类土地利用分类中的应用

处理完成后，通过 copy and paste（拷贝和粘贴）初始分类样式可以更改过滤后的分类结果样式。在过滤后的分类结果中，"噪声"较小，不同土地利用地块之间的边界更平滑（图 4.23）。但是需要注意的是，不能过于简化初始分类。

在这一阶段，可以使用一些地面控制点计算一个混淆矩阵用于验证分类结果。在一篇综述皆伐（clearcuttings）的文献 [OSE 16] 中提供了一个混淆矩阵示例。

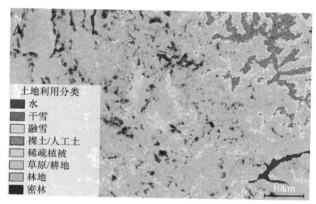

图 4.23 对初始分类结果应用 5 像素×5 像素方形主成分滤波器后的土地利用分类图
该图的彩色版本参见 www.iste.co.uk/baghdadi/qgis1.zip，2020.7.27

4）通过像素重新分类简化土地利用类别

在某些情况下，将土地利用简化为更加综合的类别可能会更好。例如，可以将 8 类土地利用简化为 4 类，分别是：水、雪、植被和裸地，见表 4.3。

表 4.3 将 8 类土地利用重新分类为 4 类土地利用

初始类	初始值	最终类	最终值
水	1	水	1
干雪	2	雪	2
融雪	3	雪	2
裸地/人工土	4	裸地	3
稀疏植被	5	植被	4
草原/耕地	6	植被	4
林地	7	植被	4
密林	8	植被	4

可以使用名为 Reclassifiy values (simple)[重分类值（简化）]的 SAGA GIS 模块进行简化操作。首先设置需要进行重新分类的栅格，选择过滤后的 8 类分类影像 landuse_L8_2016-08-23_filter5.tif。在 Lookup Table（查询表）行中单击图标"…"，

指定要更改的值以及要设置的新值（图 4.24）。

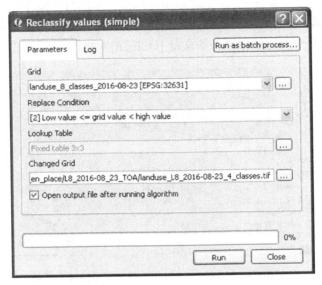

图 4.24　土地利用的重新分类

使用表 4.3 中的信息填充查询表窗口（图 4.25）。

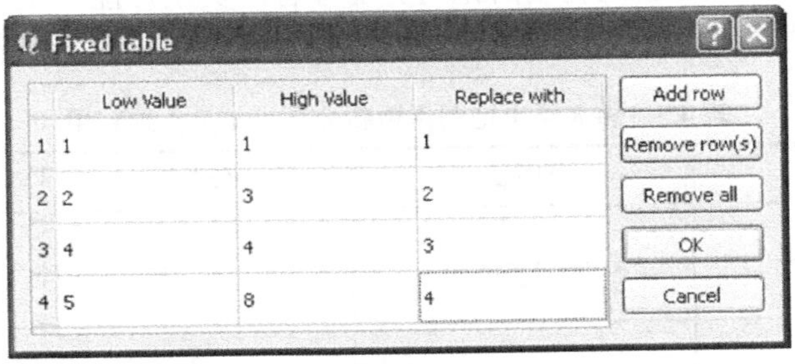

图 4.25　将 8 类土地利用重新分为 4 类土地利用的查询表

单击 OK，返回上一个窗口。在 Operator（算子）行中，设置需要使用的运算符。根据定义查询表的方式，还可以对每个类的最小值和最大值进行重新分类。因此，将运算符设置为"Low value<=grid value<high value"（低值<=网格值<高值），它是选项框中的第二个选项。最后可以取消勾选 "reclass no data values"（重分类无数据值）和 "replace other values"（替换其他值）选项框。将重新分类的结果命名为 landuse_L8_2016-08-23_4_classes.tif（图 4.24），并将其存储在工作目录中，图层显示结果如图 4.26 所示。

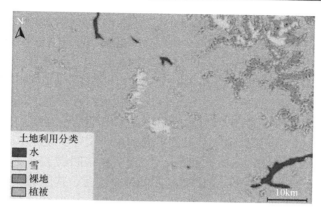

图 4.26 土地利用重新划分为 4 个主要类

该图的彩色版本参见 www.iste.co.uk/baghdadi/qgis1.zip，2020.7.27

4.3 在 QGIS 中使用 SAGA GIS 提取水文网络

4.3.1 目的

为研究河流及其流域的水文、生化地理或其他功能，通常需要提取相关的水文地理网络。根据该网络可以计算形态指数（长度、排水密度、曲折度指数等）。这些提取的网络可以用矢量或栅格格式简化表示水文系统。在矢量格式中，河流表示为有向线，流域表示为多边形。

大部分水文地理网络从 DEM 提取。有些 DEM 是全球尺度的（如 GTOPO30、SRTM），有些是国家层面的（如法国的 BD Alti IGN），有些则是更小的地区尺度。这些 DEM 都有特定的空间分辨率（像素大小）和测高精度，它们决定了生成的水文系统表示的质量和精度。

以 Serre-Ponçon 同一地区为例，下面说明如何使用 QGIS 及 SAGA 模块生成所需数据集。SAGA 实现了一些通用方法，包括基于唯一面积阈值定义确定河流的发源[OCA 84]。SAGA 还提供了基于 stream burning 的方法[HUT 89]。在此示例中，使用 SAGA 中特有的基于 Strahler's ordination 的方法[STR 57]。

4.3.2 DEM 预处理

可以从前面提到的 Earth Explorer 网站下载部分 SRTM 数据集（接近全球范围的 DEM，从 56°S～60°N，由 NASA 生产）[FAR 07]。通过身份验证后，可以下载涵盖兴趣区的两个 GeoTIFF 格式 SRTM 瓦片数据。选择版本 4.1 的 SRTM，分辨率为 1rad/s（相当于赤道地区约 90m² 的分辨率），采用的是 WGS84 地理坐标系[JAR 08]。在 Earth Explorer（地球探索）界面的 Data Sets→Digital Elevation→
SRTM（数据集→数字高程→SRTM）面板中，选择 SRTM 1 Arc-Second Global 产
品，对应研究区的瓦片为：n44_e005_1arc_v3.tif 和 n44_e006_1arc_v3.tif。

为了优化计算过程，需要合并 SRTM 瓦片，并将其投影到 UTM Zone 31N
（EPSG 32631）坐标参考系统。SAGA GIS 主要处理投影后基于米制单位系统的数
据，因此投影是必需的，用户也习惯使用平方米而不是平方度。

首先，进行 SRTM 瓦片镶嵌，以便只处理单个文件。使用 Raster tools（栅格
工具）菜单中的 SAGA Mosaic raster layers（镶嵌栅格图层）工具。在弹出窗口的
Input Grids（输入网格）框中指定需要镶嵌的两个瓦片，其他选项保留默认值，并
指定镶嵌结果的名称为 mos_tmp.tif（图 4.27）。处理完成后结果会显示在 QGIS 主
窗口中。

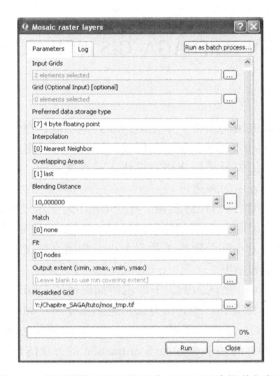

图 4.27　用于镶嵌兴趣区的两个 SRTM 瓦片的弹出窗口

然后，需要将镶嵌后的影像投影到 UTM zone 31N，便于后面使用 m 为单位
和对应的投影。为此单击图层，选择 Save as…（另存为……）菜单项，然后在 Save
as（另存为）输入框中指定需要存储的新图层目录，文件命名为 mos_tmp2.tif。指
定将该图层投影到 UTM zone 31N，在 CRS 下拉列表中单击旁边的图标选择对应

EPSG 代码（32631）的投影，如图 4.28 所示。

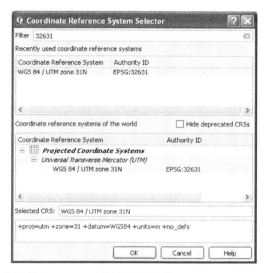

图 4.28 将合并后的 SRTM 瓦片图层投影到 UTM zone 31N 坐标参考系统

最后，为减少计算时间，根据 shapefile 文件 study_area_32631.shp 中定义的研究区边界对镶嵌的影像进行裁剪。将项目的投影设置为 UTM 31N。单击 QGIS 主界面右下角包含单词"EPSG"的图标。在弹出窗口的 CRS 选项卡中，根据 EPSG 代码将项目的坐标参考系统指定为 UTM zone 31N（图 4.29）。

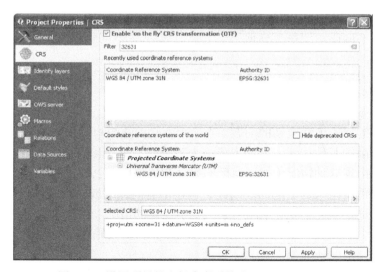

图 4.29 设置项目的坐标参考系统为 UTM zone 31N

先将 study_area_32631.shp 图层加载到 QGIS 中，然后使用 Raster→Extraction（栅格→抽取）菜单中的 Clipper（裁剪）功能，根据研究区提取 DEM。在弹出的窗口中，选择 mos_tmp2 镶嵌影像数据集作为输入文件，并将输出文件命名为 srtm_durance_utm31n.tif，无数据值设置为–99999（SAGA 中的默认值）。将 Clipping mode（裁剪模式）设置为 Mask layer（图层掩膜），并指定要使用的图层（Study_area_32631.shp）。最后，勾选选项"Crop the extent of the target dataset to the extent of the cutline"（裁剪目标数据集范围为裁切线范围）（图 4.30）。

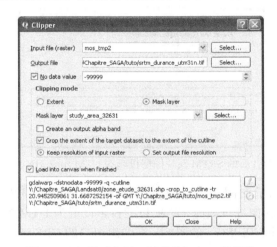

图 4.30　根据感兴趣区域裁剪 SRTM 数据集

至此，获得了根据研究区裁剪的 SRTM 数据集，然后可以移除所有中间栅格，保留最后一个栅格用于后续处理。

4.3.3　填洼

在水文领域使用 DEM 时，首先需要进行填洼处理，因为可能包含的沟壑会导致理论上的河流无法流动的问题。当一个不是河流出口的栅格像元（cell）周围都是海拔更高的其他像元，从而形成一个碗形时，就会出现这种问题。虽然野外地形可能会出现这种情况（如岩溶区的裂缝和塌陷），但更有可能是 DEM 的分辨率或采集条件所限人为引起的。因此，构建由有向弧组成的水文地理网络时需要对这些像元进行填充，以避免网络中出现不连续的情况。这样的操作称为"填洼"（fill sinks），主要是在"碗"的边缘到相关像元间进行插值。此外，在之后使用的模块中计算插值时还需要考虑总体坡度。

有多种方法可以实现该操作，SAGA 实现了一种方法[PLA 02]，通过模拟 DEM 径流流过之后应留有的通道实现填充沟壑。在本次实验中，将使用文献[WAN 06]

中提供的方法，它具有在填充像元时保持斜坡梯度的优点。此功能位于 Terrain Analysis→Hydrology→Fill sinks xxl（wang & liu）[地形分析→水文→填洼 xxl（wang&liu）]菜单中。在弹出的窗口中，首先指定需要填充的 DEM（srtm_sp_utm31n.tif）。保留 Minimum Slope（最小坡度）的默认值，指定存储填充后栅格的路径及其名称（srtm_sp_filled_utm31n.tif）。由于不使用 Flow Directions（水流方向）和 Watershed basins（流域）栅格，取消勾选与这些栅格有关的 Open output file after running algorithm（算法执行后打开输出文件）选项框（图 4.31）。

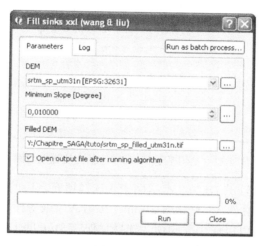

图 4.31　填洼

在该过程的最后，将获得与第一个 DEM 类似的新 DEM，只有被标识为沟壑的像素才具有新的高程值。

4.3.4　提取水文地理网络

除了基于最小上游流域面积准则提取水文地理网络的惯用方法外，SAGA 还提供了一种基于 DEM 每个像素斯特拉勒（Strahler）序的原始方法，其逻辑与河段序方法完全相同。一个没有上游像素的像素是 1 级像素。当一个像素在两个 1 级像素的下游时，它就变成 2 级像素。如果此 2 级像素接收到一个 1 级像素，该像素将保持在 2 级。当它接收到另一个 2 级像素时才会变成 3 级像素，依此类推。

使用这种方法，需要为 Strahler 序设置一个阈值，大于该阈值的河流可以持续流动。如果土壤渗透性很差，该阈值会很低，而当土壤渗透性很好时，该阈值会较高。可以使用 Terrain Analysis-Channels（地形分析-通道）菜单中的 Channel network and drainage basins（通道网络和排水流域）模块进行 DEM 填充。显示的窗口如图 4.32 所示。

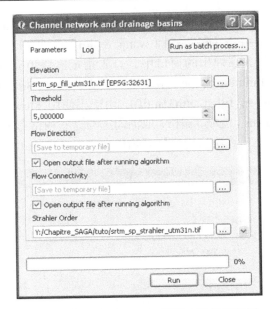

图 4.32　使用基于 Strahler 序的方法提取河网

　　首先指定需要处理的 DEM。本示例中，选择填充之后的 DEM（srtm_sp_fill_utm31n.tif）。默认阈值为 5，意味着 Strahler 级数大于或等于 5 的像素将被视为常年河流。在第一步中可以使用此阈值，选择只保存 Strahler Order 栅格，并命名为 srtm_sp_strahler_utm31n.tif，保存 Channels 水文网络为线类型的 shapefile 文件，命名为 channels5_sp_utm31n.shp，结果如图 4.33 所示。

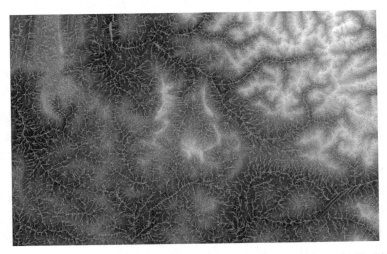

图 4.33　使用 Strahler 序和阈值为 5 提取得到的 Serre-Ponçon 区域水文网络（绿色）
背景影像是 DEM（SRTM）。该图的彩色版本参见 www.iste.co.uk/baghdadi/qgis1.zip，2020.7.27

为充分理解 SAGA 的逻辑以及 Strahler 阈值的重要性,可以放大常年河流的源头(图 4.34)。

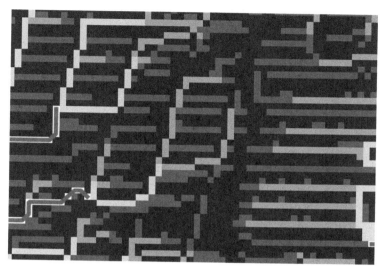

图 4.34 两个放大后的河流源头(红色)

背景栅格是 Strahler 序栅格 srtm_sp_strahler_utm31n.tif(像素大小:30m×30m)。

该图的彩色版本参见 www.iste.co.uk/baghdadi/qgis1.zip,2020.7.27

在图 4.34 中,两个河流源头标为红色,背景栅格是 Strahler 序之后的栅格,图中每个像素的值对应 Strahler 河流级数。最暗像素的级数为−3,河流源头较亮像素的级数为 1。根据定义,Strahler 河流级数不能为负,应该从 1 开始。实际上在本示例中,需要使用级别而不是数值。如果将像素重分类为−3~1,结果见表 4.4。

表 4.4 栅格 Strahler 河流序与"真实" Strahler 序之间的对等关系

栅格 Strahler 序	−3	−2	−1	0	1
"真实" Strahler 序	1	2	3	4	5

结果表明,河流的"真实" Strahler 序级数从 5 开始,因此很好地符合了先前定义的阈值。这种变化导致第一条河流的水文相关 Strahler 级数为 1。

为了了解影像 Strahler 阈值的敏感性,还可以重复进行阈值为 8 的水文地理网络提取操作,将结果命名为 channels8_sp_utm31n.shp。最后获得如图 4.35 所示的网络。

与预期一样,以 8 为阈值提取的水文网络的密度小于以 5 为阈值提取的水文网络。此阈值的确定取决于研究的区域。可以通过将生成的结果与用户已经置信的水文网络影像(地形图、卫星影像、国家数据库),如法国的 IGN [IGN 14]等,

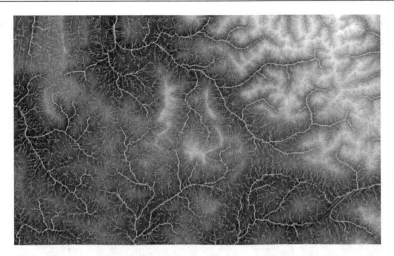

图 4.35　使用阈值 5（绿色）和阈值 8（黄色）提取的水文网络对比
该图的彩色版本参见 www.iste.co.uk/baghdadi/qgis1.zip，2020.7.27

进行比较来确定结果的可信度。

除上述方法外还有许多从 DEM 中提取河网的方法，可以将这些方法的效果进行比较，如 Schneider 等方法。文献[SCH 17]提出了一种不仅基于海拔数据，还考虑了气候和岩性数据的新型方法。

4.4　使用 SAGA GIS 进行插值

4.4.1　插值原理

空间插值是指根据少数几个位置的样本值重建领域中的一些空间数据值。实现空间插值有多种不同复杂度的方法。此示例将使用一种简单方便且常用的方法。实践中进行空间插值时，会将点类型的 shapefile 文件转换为栅格。此处不讨论各种方法的优缺点。实际上，插值本身是一个地理统计相关话题。

需要提请读者注意的是，从水文地质学的角度看，此研究流域规模的插值可能无关紧要。此实验不应视为一个水文地质学相关的实验，而应视为空间插值操作入门的实验。

4.4.2　塞纳河盆地含水层水质测量的插值

4.4.2.1　数据

本次实验使用的是塞纳河盆地（Seine basin）的地下水水质测量结果（图 4.36）。

塞纳河位于法国北部（48°N，2°E）。

这些数据存储在名为"groundwater_oct_2006.shp"的 shapefile 文件中，由塞纳诺曼底水务局提供。此文件提供了与碳酸氢盐（在数据中 HCO_3 的单位是 mgC/L）、pH 和温度（℃）有关的数据，这些数据的测量时间为 2006 年 10 月。下面将说明如何使用插值方法将这些离散的数据转换为连续数据。实际上，需要将点 shapefile 文件转换为栅格，其中每个像素都包含属性值。在这种情况下，插值法可以用于获得未进行测量的点的水质。

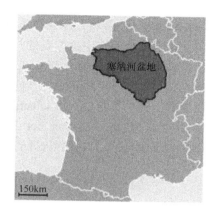

图 4.36　法国北部塞纳河盆地的位置

4.4.2.2　数据准备

本实验只做碳酸氢盐数据的插值。通过评估插值的质量选择最佳的插值方法。首先将 239 个测量值样本分成两个数量相同的部分，第一部分用于插值，第二部分用于评估插值的质量。

为了随机选择样本中 50%的点数，使用 Processing Toolbox（处理工具箱）的 QGIS 菜单 geoalgorithms→Vector selection tools（地理算法→矢量选择工具）中的 Random selection（随机选择）模块。在弹出的新窗口（图 4.37）中，设置用于选择点的 groundwater_oct_2006.shp 图层，然后选择使用 Percentage of selected features（按百分比选定要素）方法，并将下面的百分比设定为 50%。

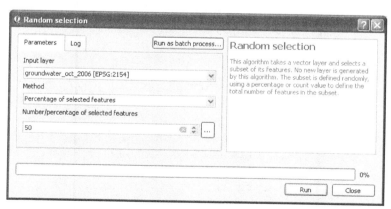

图 4.37　选择 50%的测量点

选定随机点后，通过右键单击图层并在菜单中选择 Save as（另存为）保存此选择的结果，注意不要忘记勾选"Save only selected features"（只保存选择的要素）

选项框。在 File name（文件名）行中，将新图层命名为 groundwater_oct_2006_validation.shp，并将其存储在工作目录中。新的点图层将显示在 QGIS 中。

接下来需要选中这些点的补集，使用补集进行插值。为此右键单击该图层并选择菜单 Open Attribute Table（打开属性表），打开初始图层的属性表（先前选中的点应该仍处于可用状态）。与选中点相对应的直线在表中显示为蓝色。然后在窗口顶部，选中菜单 Invert selection（逆选择），获得刚刚选中的点的补集，保存并将其命名为 groundwater_oct_2006_interpolation.shp[不要忘记勾选 "Save only selected features"（只保存选择的要素）选项框]。至此，获得了两个互补的数据集。

4.4.2.3 插值的实现

现在可以使用 SAGA GIS 的模块对碳酸氢盐测量值（"HCO3" 字段）进行插值。有多种插值方法可以使用，这里比较三种不同的方法：B 样条逼近插值、反距离加权插值（inverse distance weightedinterpolation，IDW）和薄板样条插值（全局）。

先从第一种方法开始。在菜单 SAGA GIS→Raster creation tools（SAGA GIS→创建栅格工具）中，选择模块 B-spline approximation（B 样条逼近）。首先选择需要进行插值的图层（groundwater_oct_2006_interpolation.shp）。然后，选择需要进行插值的字段（HCO3），并将分辨率更改为 500。研究区越大，这个值应越高。在 Grid（网格）行中，将插值结果命名为 HCO3_interpol_B-spline.tif（图 4.38）。

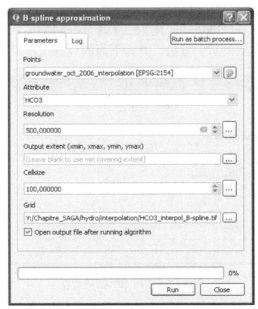

图 4.38　B 样条逼近插值方法的设置

显示的结果如图 4.39 所示，可以更改其样式以获得更好的显示效果。

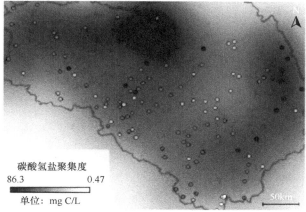

图4.39　使用 B 样条逼近插值方法对塞纳河盆地中的碳酸氢盐字段进行插值（盆地的边界为橙色）
该图的彩色版本参见 www.iste.co.uk/baghdadi/qgis1.zip，2020.7.27

　　同样，使用反距离加权插值方法进行插值。首先以相同的方式选择对应的模块，然后在新窗口中选择需要进行插值的图层 groundwater_oct_2006_interpolation.shp 和需要插值的字段（HCO3），选择插值方法为默认值 Inverse distance to a power（反距离加权），其参数默认值为 2 和 1。由于实验研究区足够大，所以将 Search Range（搜索范围）设置为 no search radius（global）[无搜索半径（全局）]，其他参数保留默认值即可（图 4.40）。

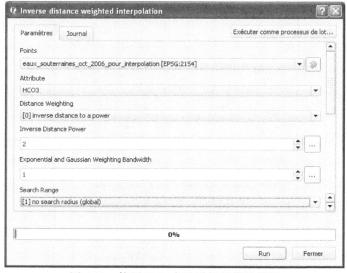

图 4.40　使用 IDW 方法进行插值的设置

新插值结果命名为 HCO3_interpol_idw.tif，在 QGIS 中的结果如图 4.41 所示。

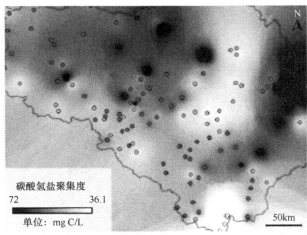

图 4.41　使用反距离加权插值方法对塞纳河盆地中的碳酸氢盐字段进行插值
该图的彩色版本参见 www.iste.co.uk/baghdadi/qgis1.zip，2020.7.27

执行相同的步骤使用薄板样条插值（全局）方法进行插值。首先使用对应模块，然后在模块窗口中设置需要插值的图层和需要插值的字段，并将结果命名为 HCO3_interpol_thin_plate.tif（图 4.42）。

图 4.42　使用薄板样条插值（全局）方法进行插值的设置

结果如图 4.43 所示。

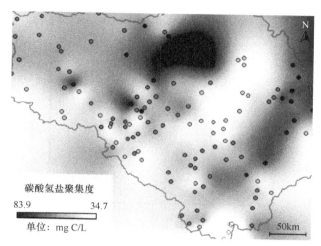

碳酸氢盐聚集度

83.9   34.7

单位：mg C/L

50km

图 4.43 使用薄板样条插值（全局）方法对塞纳河盆地的碳酸氢盐字段进行插值
该图的彩色版本参见 www.iste.co.uk/baghdadi/qgis1.zip，2020.7.27

4.4.2.4 插值效果评估

至此使用了三种不同的插值方式，并且希望能保留最佳插值方式。为了评估这些插值方法，使用第二个数据集，即验证插值结果保留的数据集 groundwater_oct_2006_validation.shp，以计算每个验证点实际测量值与插值之间的差异。

使用名为 Add raster values to points（为点添加栅格值）的 SAGA GIS 模块，将相应的插值点与验证点关联。该模块可以在 Processing Toolbox SAGA GIS 菜单的 Vector<->raster（矢量<->栅格）子菜单项中找到。首先在新窗口中，选择验证点文件 groundwater_oct_2006_validation.shp，在 Grid（网格）一行选择插值结果栅格文件（此处的顺序与生成点 shapefile 文件的顺序相同），然后选择 Nearest Neighbor（最近邻）模式仅保留每个点的对应像素，将结果命名为 interpolation_validation_temp.shp（图 4.44）。

在新图层的属性表中，可以看到三个新字段，包含每种方法获得的内插值。当设置 Add raster values to points（为点添加栅格值）模块时，这些字段的顺序与选择栅格的顺序相同。

为了简化下一步操作，可以使用 Processing Toolbox（处理工具箱）的 Refactor fields（字段重构）模块对这些字段进行重命名。重命名字段时，只需在 name（名称）一行中双击其名称即可。使用名称 interpolation_validation.shp 保存该新图层。

接下来要在 interpolation_validation.shp 图层中创建三个新字段，存储每种插值方法获得的结果与测量值之间的差。打开该图层的属性表，然后单击属性窗口

图 4.44　插值数据与实测数据的比较

顶部的 Open field calculator（打开字段计算器）图标，打开字段计算器。选中 Create a new field（创建新字段）选项框，并将其命名为 d-thin。在这个字段中，保存每个点的测量值和通过薄板样条插值（全局）方法获得的插值之间的差值。在 Output field type（输出字段类型）行中，选择 Decimal number（real）[数字（实数）]设置字段类型为实数，并将 Precision（精度）设置为 3（也可以选择其他值）。在 Expression（表达式面板）中，输入名称"HCO3"-"thin"，也可以使用"Search"（搜索）栏下的面板输入名称（图 4.45）。

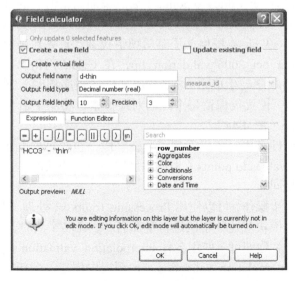

图 4.45　使用字段计算器计算测量值和插值之间的差异

　　单击 OK 后，新的字段将出现在属性表中。遵循相同的步骤计算其他两个插值方法与测量值之间的差异并将相应的两个字段命名为 d_idw 和 d_bspline。完成计算后注意保存结果。至此获得三个新字段，其中包含测量值和三种插值方法的内插值之间的差异。

　　通过计算每个误差字段的平均值可以评估插值的质量。使用 Processing Toolbox（处理工具箱）中的 Basic statistics for numeric fields（数字字段基本统计），设置好要分析的图层 interpolation_validation.shp 以及要进行质量评估的字段，可以从 d-idw 字段开始。最后，把包含统计信息的输出文件命名为 stats_thin.tif（图 4.46）。

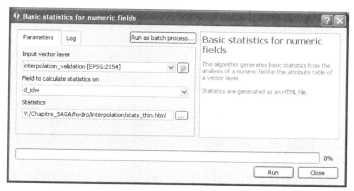

图 4.46　计算代表测量值和内插值之间差异的每个字段的统计量

　　对于剩下的两个差异字段执行同样的操作，分别将输出文件命名为 stats_idw 和 stats_bspline，结果存储在 html 文档中，可以使用 Web 浏览器（如 Firefox 4）打开此文档。对于薄板样条插值（全局）方法、反距离加权插值方法和 B 样条逼近插值方法三种方法，分别获得的平均误差为：−0.66、−0.72 和−13.72。综上所述，在实验中，可以认为第一种插值方法最好。但是也必须注意到，结果的好坏也取决于在本实验开始时所做的随机分组（见 4.4.2.2 节）。由于使用薄板样条插值（全局）方法和反距离加权插值方法所得误差非常接近，它们之间的好坏排序可能会因为随机选择的结果不同而不同。

　　最后可以确定，最终结果在很大程度上取决于所使用的插值方法。用户应正确理解问题的本质，以便选择相关性最强的方法及其参数。最困难的永远是应该使用哪种方法而非如何实现。

4.5　参考文献

[FAR 07] FARR T. G., ROSEN P. A., CARO E. et al., "The Shuttle Radar Topography Mission",

Reviews of Geophysics, vol. 45, 2007.

[FEY 14] FEYISA G. L., MEILBY H., FENSHOLT R. et al., "Automated Water Extraction Index: a new technique for surface water mapping using Landsat imagery", Remote Sensing of Environment, vol. 140, pp. 23-35, 2014.

[HOR 45] HORTON R. E., "Erosional development of streams and their drainage basins: hydrophysical approach to quantitative morphology", Bulletin of the Geological Society of America, vol. 56, pp. 275-370, 1945.

[HUT 89] HUTCHINSON M., "A new procedure for gridding elevation and stream line data with automatic removal of spurious pits", Journal of Hydrology, vol. 106, nos. 3-4, pp. 211-232, 1989.

[IGN 14] IGN, "Base de Données sur la Cartographie Thématique des Agences de l'eau et du ministère chargé de l'environnement", Institut national de l'information géographique et forestière, 2014.

[JAR 08] JARVIS A., REUTER H. I., NELSON A. et al., "Hole-filled SRTM for the globe Version 4", CGIAR-CSI SRTM 90m Database, available at: http://srtm.csi.cgiar.org, 2008.

[JEN 13] JENSEN J. R., "Remote Sensing of the Environment: An Earth Resource Perspective", Pearson, Harlow, 2013.

[OCA 84] O'CALLAHAM J. F., MARK D. M., "The extraction of drainage networks from digital elevation data", Computer Vision, Graphics, and Image Processing, vol. 28, pp. 323-344, 1984.

[OSE 16] OSE K., CORPETTI T., DEMAGISTRI L., "Multispectral Satellite Image Processing", in BAGHDADI N., ZRIBI M. (eds), Optical Remote Sensing of Land Surface: Techniques and Methods, ISTE Press, London and Elsevier, Oxford, 2016.

[PLA 02] PLANCHON O., DARBOUX F., "A fast, simple and versatile algorithm to fill the depressions of digital elevation models", CATENA, vol. 46, nos. 2-3, pp. 159-176, 2002.

[SCH 17] SCHNEIDER A., JOST A., COULON C. et al., "Global-scale river network extraction based on high-resolution topography and constrained by lithology, climate, slope, and observed drainage density", Geophysics Research Letters, vol. 44, pp. 2773-2781, 2017.

[SON 01] SONG C., WOODCOCK C.E., SETO K.C. et al., "Classification and change detection using landsat TM data: when and how to correct atmospheric effects?", Remote Sensing of Environment, vol. 75, pp. 230-244, 2001.

[STR 57] STRAHLER A.N., "Quantitative analysis of watershed geomorphology", Transactions of the American Geophysical Union, vol. 38, no. 6, pp. 913-920, 1957.

[WAN 06] WANG L., LIU H., "An efficient method for identifying and filling surface depressions in digital elevation models for hydrologic analysis and modeling", International Journal of Geographical Information Science, vol. 20, no. 2, pp. 193-213, 2006.

5

Orfeo 工具箱应用

Rémi Cresson，Manuel Grizonnet，Julien Michel

本章介绍使用 Orfeo 工具箱（OTB）从遥感影像中提取空间信息的功能。第一部分是对 OTB 的综述，包括概述发展历程、主要内容、访问途径、内部机制等，以及如何运行和使用时的主要界面。第二部分将解决遥感影像处理中经常会遇到的问题：说明哪些应用程序可以解决特定的问题，以及如何使用它们。

5.1 Orfeo 工具箱

5.1.1 概述

OTB 是一个遥感影像处理库，该项目由法国国家空间研究中心（CNES）于 2006 年发起，在私有公司和开源社区的持续开发下不断发展。OTB 旨在为对地观测数据的用户使用影像提供必要的工具。最初，该库的目标是处理 Orfeo 系列卫星的高空间分辨率影像[Pleiades 光学传感器、Cosmo-Skymed（CSK）雷达传感器以及其他传感器]。OTB 由一组用 C++编码的类以及基于这些类构建的应用程序组成。

5.1.2 发展历程

OTB 开发工作始于 2006 年，是 Orfeo 项目的一部分，用于前期准备、支持和促进 Pleiades（PHR）与 CSK 卫星影像的使用与开发。它是一系列算法组件，可以使用户获得方法论知识并从研发结果中受益。

OTB 是基于 Insight Toolkit（ITK）库的影像处理算法开源库，能提供遥感影像，特别是高空间分辨率影像的处理功能。OTB 根据免费软件许可证发行（自 OTB6.0 起为 Apache2.0 许可证，早期版本为 CecILL v2 许可证）。该许可证允许任何人随时检查和修改软件源代码，并在另一软件中使用 OTB 的原始版本或修改版本（新的 Apache2.0 许可证使用户可以不受限制地使用）。该免费许可证鼓励用户对软件做出贡献以促进持续发展。

121

OTB 已在多个平台中进行过广泛测试，大部分功能也适用于并行处理大规模影像。

OTB 的用户群体不断增长，OTB 能提供范围十分广泛的基本算法、最新技术以及用于影像分析和生成地理信息的高级功能。

为满足非开发人员的一些需求，基于 OTB 开发了一些其他项目，包括以下几个。

（1）2009 年：Monteverdi，一个用于可视化和与数据交互的软件；

（2）2011 年：OTB 应用程序，为一组实用程序，可提供更高级别的功能（分类、分割、基元提取等）。这些应用程序可通过命令行或图形界面处理影像。应用程序采用原型处理管道设计，可处理海量数据。这些应用程序的构架基于插件机制，便于它们应用到其他处理平台，包括 Monteverdi、QGIS 和欧洲航天局 SNAP 工具箱。

自从 Orfeo 项目结束以来，OTB 的使用得到了扩展，其算法库在各种环境中的广泛使用说明了该软件功能的强大。现在，OTB 的应用范围已从当初的开发实用产品中心，类似于欧洲航天局影像处理工具 Sentinel-2，发展到了产品集成，包括集成到类似 Terr'Image 的教育软件，使教师们可以利用卫星影像编写教学内容。

5.1.3　应用程序功能

OTB 应用程序使用 C++类库，通过简化数据处理操作满足用户需求，部分可执行操作如下。

（1）数据访问：读/写大多数卫星影像格式，访问元数据，读/写矢量格式（shp，kml 等），数字地形模型，激光雷达数据；

（2）影像基本处理操作：提取，像素到像素的计算；

（3）滤波：光学和雷达成像信号处理；

（4）特征提取：纹理[Haralick，结构特征集（structural feature set，SFS）]，边缘检测，兴趣点，线路，线，描述子[尺度不变的特征转换（scale-invariant feature transform，SIFT），加速稳健特征（speeded up robust features，SURF）]；

（5）影像分割：区域增长，分水岭，水平集，均值漂移；

（6）分类：K-Means，支持向量机，随机森林以及最新的机器学习算法；

（7）检测影像之间的变化；

（8）正射校正，地图制图投影；

（9）辐射指数计算：植被，水，土壤等。

此外，自 2015 年以来，社区使用外部模块开发了新的应用程序。这些新应用程序的更多详细信息，可参见 5.1.4 节。

5.1.4 管理与社区

围绕 OTB 有一个庞大的用户群和开发者社区、科研以及一些软件集成企业，有一个专门的论坛[OTB 17a]为用户提供交互式技术支持。项目组的博客用于发布最新消息[OTB 17b]，其官方站点囊括了许多使用说明文档，如用户手册[OTB 17c]，汇编了各种 OTB 应用程序的使用方法。

对于开发人员而言，OTB 可以方便地集成和配置使用外部模块功能。这种机制有利于标准化开发外部组件，如开发一个新的 OTB 应用程序。基于各机构组织的研究，现已开发了大量模块，其中包括以下几点。

（1）Generic Region Merging（通用区域合并）：根据 Baatz 和 Schäpe 准则实现多尺度分割；

（2）Mosaic（镶嵌）：协同影像镶嵌[CRE 15]；

（3）Sertit Object（Sertit 对象）：面向对象分析；

（4）Temporal Gap Filling（时间插值）：时间序列的内插；

（5）Bio Vars：根据光学影像估算生物物理量[叶面积指数（leaf area index，LAI）、吸收的光合有效辐射率，fCover[①]]；

（6）FFSForGMM[②]：用于大数据分类的大规模属性选择[LAG 17]；

（7）Pheno-tb：根据时间范围提取物候信息。

OTB 网站[OTB 17d]提供了部分外部模块列表。需要注意的是，外部模块的许可证可能与 OTB 的许可证不相同。外部模块在项目指导委员会（Project Steering Committee，PSC）成员对其源代码进行审查后可以正式添加到 OTB 中，然后通过安装程序进行分发。外部模块也可以通过手动编译 OTB 使用：库文件可以通过编译源代码获得，特别适合开发人员使用。实际上，开发人员更喜欢生成库和可执行文件，而不是直接使用 Windows、Mac 和 Linux 安装程序提供的二进制文件。使用 SuperBuild 可以大大简化 OTB 的编译工作，一个脚本可以自动执行编译和安装所需的全部操作，尤其是下载、配置和编译所有的依赖项。OTB 使用说明书（Cookbook）中提供了更多信息，其中包含编译外部模块的步骤。

开放式管理机制可确保高层项目正常管理。PSC 主要负责发展路线图、沟通和规划。目前，该委员会并不是一个法律实体，也没有自己的资源，而是由五个成员组成[③]，分属于三个不同的实体。PSC 席位不会过期，PSC 成员可以辞去或撤销他们的席位。库的任何变更均由权重相同的 PSC 成员投票表决，按照多数原则决定。

---

① 植被覆盖率（fraction of vegetation cover）。

② 根据高斯混合模型（gaussian mixture models）进行分类的超光谱影像快速前向特征选择（fast forward feature selection）。

③ https://wiki.orfeo-toolbox.org/index.php/Project_Steering_Committee#Current_members_and_roles, 2020.7.27.

5.1.5　C++库

OTB 的一个重要组成部分是 ITK[YOO 02]。ITK 源于美国国家医学图书馆的一项倡议，是医学影像处理领域的参考标准，可以与实用算法百科全书[YOO 02]相提并论。ITK 包含用于影像配准、滤波和分割的算法（图 5.1），旨在分析任何种类的影像。ITK 由大学和私人公司组成的联盟以及来自世界各地的众多贡献者共同开发。

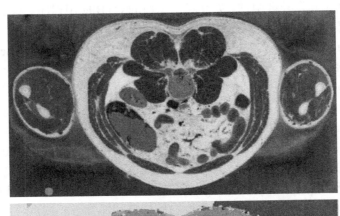
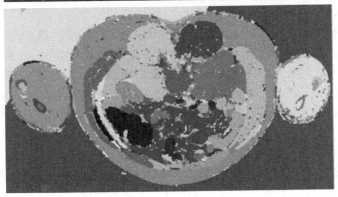

图 5.1　使用 ITK 分割医学影像（来源：ITK）

该图的彩色版本参见 www.iste.co.uk/baghdadi/qgis1.zip，2020.7.27

选择通过 ITK 构建 OTB 的原因在于可以充分利用现有组件的优势，特别是：

（1）开放和多用途的架构；

（2）医学领域的边缘裁切算法，可用于卫星影像处理领域（图 5.2）；

（3）一个活跃且经验丰富的国际开发人员社区。

图 5.2　使用 OTB 分割遥感影像[来源：使用说明书（Cookbook）]

该图的彩色版本参见 www.iste.co.uk/baghdadi/qgis1.zip, 2020.7.27

在 OTB 中，使用地理空间数据抽象库（GDAL）进行空间数据的读写，它是一个免费、可用于读写众多地理数据格式的库。GDAL 在开源地理空间信息系统中具有重要作用，因为它可以保证许多基于专有格式以及开放地理空间联盟（OGC）标准的商业系统的兼容性。OTB 核心中的其他库，如开源软件影像图（open source software image map，OSSIM），支持操纵传感器模型和各种制图投影系统。

5.1.6　内部机制

即使在硬件资源非常有限的计算机上，大多数 OTB 功能也可以处理大量的数据。这主要使用流机制实现，通过逐个区域运算完成整个影像处理。另外，绝大部分组件利用了多核运算的优势，即在执行算法时使用多个中央处理器（central processing unit，CPU），从而减少计算时间。

5.1.6.1　流机制

流机制允许在不同区域多次处理影像。因此可以逐个处理小块数据，而不是复制整个数据（输入和输出），直到生成输出数据（图 5.3）。这种机制可以节省内

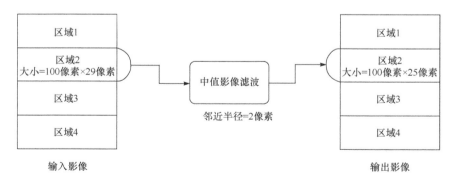

图 5.3　中值滤波机制说明

输出影像按区域逐个生成（右），每个区域根据输入影像的子区域（左）和适应的滤波核大小（半径为 2 像素）获得，来源：[IBE16]

存，且在处理影像时不受像素数量的限制。OTB 中实现的大多数算法都支持此机制。当算法无法使用此种块处理（block processing）机制实现时，整个输入和输出数据会在执行时复制到内存中。

5.1.6.2　高效使用处理器

当前计算机通常有多个 CPU，一种减少计算时间的方法是在允许情况下尽可能多地使用计算机的 CPU（多线程）。

算法支持流机制的能力与其支持多线程的能力相似。实际上，这两种方法均基于"分而治之"策略，两者都包括影像划分以独立地处理子区域。在流机制中，子区域为逐个处理，而在多线程情况下，子区域为并行处理（图 5.4）。一个显著的区别是，在多线程中所有输入数据对于每个 CPU 都是可见的。因此，ITK 的应用程序项目接口独立地管理这两种模式，同时使用子区域分区适应内存大小和 CPU 数量。大多数 OTB 应用程序都支持多线程处理。

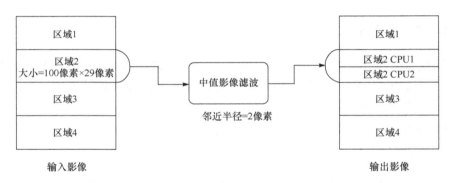

图 5.4　在一个区域（区域 2）处理时使用两个 CPU（CPU 1，CPU 2）的多线程示例
来源：[IBE16]，作者改编

5.1.6.3　高性能计算

多线程并不是加快算法运行的唯一方式。在 OTB 中，使用消息传递接口（message passing interface，MPI）是另一种支持高性能计算的技术。MPI 是分布式存储系统上运行并行程序的计算机通信标准。OTB 应用程序可以在任何由多个节点共享并行文件系统组成的集群上运行。增速，也就是节约的时间，通常与分配的节点数呈线性关系[CRE 16]。大多数 OTB 应用程序支持该技术。当常用程序无法在合理的时间内完成执行时，就可以考虑使用高性能计算框架。

5.1.7　下载和安装

OTB 可以安装在 Windows、Linux 和 Mac OS X 系统，软件无须编译即可提供所有功能。

使用手册中详细说明了在这些系统上如何安装 OTB，安装程序可在官方网站的 "download"（下载）部分下载[OTB 17e]。根据操作系统和版本的不同，可能有几种在计算机上安装和配置 OTB 的方法，其目的是为用户社区提供快速部署软件的方法（客户端、服务器、集群等）。

5.2 使用 OTB 应用程序

OTB 应用程序旨在为用户提供许多已经实现的处理功能。这些应用程序可以通过多种界面（命令行、GUI、Python 语言等）直接调用。当前，已经有 100 多个应用程序按不同类别进行组织。

5.2.1 界面

5.2.1.1 原理

每个 OTB 应用程序都包含一个进程，提供一组功能实现参数设置和运算。OTB 应用程序中使用的所有参数均应是标准的和有数据类型的（影像、矢量、文件、文件夹、整数、浮点数等）。这种形式使得用户可以通过各种界面操作任何OTB 应用程序。

5.2.1.2 参数

OTB 应用程序参数由关键字（参数名称）和值标识，有多种参数类型，表 5.1展示了参数可以取值的类型。

表 5.1 参数值的类型

类型	取值说明
<int32>	32 位整型（−2147483648～2147483647）
<float>	单精度浮点（32 位）
<string>	字符串
<string list>	字符串列表
<boolean>	布尔值

表 5.2 总结了参数类型及其值的类型。

表 5.2　参数类型

类型	值	描述
Integer（整数）	<int32>	32 位符号整数。例如，最大迭代次数
Real（实数）	<float>	单精度浮点数。例如，以制图单位表示的距离
String（字符串）	<string>	字符串。例如，字段名称
Strings list（字符串列表）	<string list>	多个字符串
Input file（输入文件）	<string>	任何类型的文件，作为算法的输入。例如，一个包含分类规则的文本文件
Input files list（输入文件列表）	<string list>	多个输入文件
Output file（输出文件）	<string>	任何类型的文件，作为算法的输出。例如，一个包含统计信息的文本文件
Folder（文件夹）	<string>	在计算机文件系统上可访问的文件夹
Choice（选择）	<int32>，<float> 或 <string>	值列表元素的条目。例如，在列表 { manual；Automatic } 中，一个可能的选择是 "Automatic"
Input image（输入影像）	<string>	输入影像，使用 GDAL 支持的格式
List of input images（输入影像列表）	<string list>	多个输入影像
Input vector data（输入矢量数据）	<string>	输入矢量数据，使用 GDAL 支持的格式
List of input vector data（输入矢量数据列表）	<string list>	多个输入矢量数据
Output image [Pixel type]（输出影像[像素类型]）	<string> [<string>]	此参数包括用于输出文件路径的字符串和用于设置输出影像像素编码的像素类型。此参数将在本章的 5.2.2 节中说明
Output vector data（输出矢量数据）	<string>	输出矢量数据，使用 GDAL / OGR 支持的格式
Radius（半径）	<int32>	像素邻域的半径，以每列和每行的像素为单位。例如，半径为 3 像素×3 像素的正方形结构元素定义了 5 像素×7 像素的中心邻域
Parameters group（参数组）		多个参数
Complex input image（复数输入影像）	<string>	复数输入影像（具有实部和虚部），使用 GDAL 支持的格式。例如，合成孔径雷达（synthetic aperture radar，SAR）影像
Complex output image（复数输出影像）	<string>	复数输出影像。例如，SAR 影像
RAM（内存）	<int32>	算法可以使用的 RAM 量（以兆字节为单位）
InputProcessXML（输入处理 XML）	<string>	用于应用程序执行时加载参数的可扩展标记语言（XML）文件
OutputProcessXML（处理输出 XML）	<string>	应用程序执行时保存参数的 XML 文件

　　在 OTB 应用程序中，任何参数都可能是必需的。在这种应用情况下，如果参数值没有输入，算法就不会执行，并且弹出窗口会报告缺少的参数。一些参数可以有预定义的默认值。对数字值（整数和实数）也可以输入最小值和最大值。

5.2.1.3 描述

OTB 应用程序还集成了处理功能实现及其参数说明的文档，也包括应用程序作者和算法实现限制等信息。一个应用程序可以关联一个或者多个标签，如：

（1）影像分析；

（2）校准；

（3）变化检测；

（4）坐标；

（5）降维；

（6）特征提取；

（7）影像滤波；

（8）几何；

（9）高光谱；

（10）学习；

（11）影像处理；

（12）影像元数据；

（13）影像多分辨率；

（14）全色锐化；

（15）栅格；

（16）合成孔径雷达（SAR）；

（17）立体；

（18）分割；

（19）矢量数据处理。

5.2.2 命令行界面

命令行界面在 UNIX（Linux、Mac OS X）操作系统上被称为"终端"（Terminal），在 Windows（cmd）中被称为"DOS 命令提示符"，用户无须通过图形界面即可调用程序。虽然一开始该界面对用户不太友好，但它具有许多优点，包括可以进行批处理操作，或自动按顺序执行多个应用程序等。在命令行中使用 OTB 应用程序的可执行文件应以"otbcli_"为前缀。

要在命令行中使用 OTB 应用程序，首先可以获得该应用程序的帮助。以转换（Convert）应用程序为例，它的作用是将一幅影像转换为另一幅影像。在命令提示符（Windows）或终端（Linux 或 Mac OS X）输入以下命令寻求帮助：

```
otbcli_Convert
```

同样地：

```
otbcli_Convert -help
```

此命令返回应用程序的描述文档、所需输入的参数以及命令行示例：

```
This is the Convert application, version 5.11.0
Convert an image to a different format, eventually rescaling
the data and/or changing the pixel type.

Complete documentation: http://www.orfeotoolbox.org/
Applications/ Convert.html

Parameters:
     -progress          <boolean>          Report progress
MISSING -in             <string>          Input image (mandatory)
     -type              <string>          Rescale type
[none/linear/log2] (mandatory, default value is none)
     -type.linear.gamma <float>          Gamma correction
factor
(optional, on by default, default value is 1)
     -mask              <string>          Input mask
(optional, off by default)
     -hcp.high          <float>          High Cut Quantile
(optional, off by default, default value is 2)
     -hcp.low           <float>          Low Cut Quantile
(optional,
off by default, default value is 2)
MISSING -out            <string> [pixel] Output Image
[pixel=uint8/uint16/int16/uint32/int32/float/double]
(default value is float) (mandatory)
     -ram               <int32>          Available RAM (Mb)
(optional, off by default, default value is 128)
     -inxml             <string>          Load otb application
from xml file (optional, off by default) Examples:
otbcli_Convert -in QB_Toulouse_Ortho_XS.tif -out
otbConvertWithScalingOutput.png uint8 -type linear
```

从命令行 "otbcli_Convert" 获得的转换（Convert）应用程序参数概述见表 5.3。

表 5.3　转换程序参数

参数名称	参数类型	取值	是否必须	默认值
Progress（进度）	Boolean（布尔值）*	<boolean>		
In（输入）	Input image（输入影像）	<string**>	Yes	
Type（类型）	Choice（选择）	<string>		"None"
type.linear.gamma	Floating point number（浮点数）	<float>		1
Mask（掩膜）	Input image（输入影像）	<string>		
hcp.high	Floating point number（浮点数）	<float>		2
hcp.low	Floating point number（浮点数）	<float>		2
Out（输出）	Output image（输出影像）	<string>[<string>]	Yes	pixel=float
Ram	Integer（整数）	<int32>		128
Xml	Input ProcessXML	<string>		

* 布尔数据类型只有两个可能值：true 或 false。
** 字符串是一系列的字符。

　　"out" 参数用于指定输出影像的路径，可选择地指定输出像素的编码[①]。编码应该定义在文件路径之后，并用空格分隔，如应用程序所描述的那样，编码是可选的。表 5.4 显示了可以选择的编码。

表 5.4　可以选择的编码

编码方式	说明
uint8	8 位无符号整数 值范围：[0，255]
int16	16 位符号整数 值范围：[−32768，32767]
uint16	16 位无符号整数 值范围：[0，65535]
int32	32 位符号整数 值范围：[−2147483648，2147483647]
uint32	32 位无符号整数 值范围：[0，4294967295]
Float	单精度浮点数（32 位）
Double	双精度浮点数（64 位）

---

① 编码是指一种格式到另一种格式的转录。

需要注意的是：

（1）有些影像格式不支持所有的编码（如某些 JPEG2000 驱动程序不支持浮点数编码）。

（2）当像素的值范围与编码不对应时，输出影像可能会丢失信息。

在以下示例中，指定了输出影像的路径（outputImage.tif）和编码（uint8）。输出影像使用 TIFF 格式（扩展名为.tif），像素编码为 8 位无符号整数（值介于 0～255 ）。

```
otbcli_Convert -in inputImage.tif -out outputImage.tif uint8
```

5.2.3 图形用户界面

每个 OTB 应用程序也可以通过图形用户界面（GUI）使用。通过 GUI 的按钮、编辑框和各种其他对话框等可以交互地选择应用程序的参数。通过图形界面使用 OTB 应用程序的可执行文件，应以 "otbgui_" 为前缀。执行这些文件时，将自动生成一个适应 OTB 应用程序内容的窗口。在第一个选项卡中，可以查看应用程序的参数（图 5.5）。中间两个选项卡面板（Logs 和 Progress 选项卡）可以用来查看应用程序的进度。界面的最后一个选项卡提供了应用程序及其参数的描述（图 5.6）。

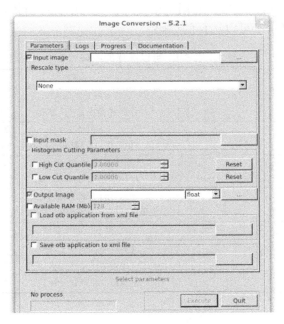

图 5.5 Convert 应用程序的图形用户界面（第一个选项卡）
当前选项卡可以编辑应用程序参数

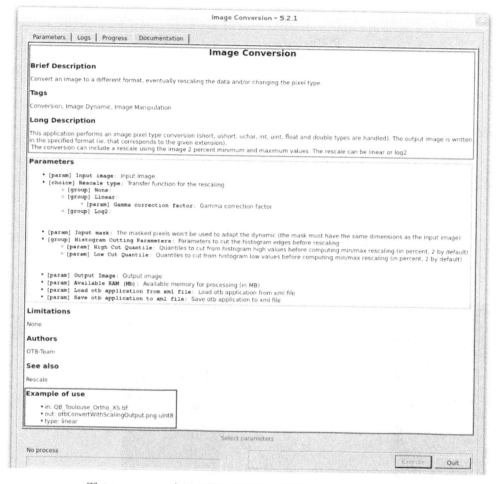

图 5.6   Convert 应用程序的图形用户界面（最后一个选项卡）

当前选项卡提供应用程序描述（红色）、有关参数信息（绿色）和使用示例（蓝色）。该图的彩色版本参见
www.iste.co.uk/baghdadi/qgis1.zip，2020.7.27

5.2.4   从 QGIS 使用 OTB

QGIS 是一个免费、开源、跨平台的地理信息系统，根据通用公共许可证（GPL）
发行，提供了大量功能，包括管理大量矢量数据或数据库格式，基于 Python 的脚
本引擎和一种可以使用 QGIS 软件社区开发模块的插件机制。

OTB 应用程序可以在 QGIS 中直接调用，与 5.2.3 节介绍的图形用户界面类似，
QGIS 动态地创建一个窗口用于输入 OTB 应用程序参数。

5.2.5　Python 绑定

根据绑定机制可以使用 Python 编写的代码运行 OTB 应用程序。OTB 应用程序可以与 Python 模块结合进行地理空间处理。还有一些可以将 OTB 影像转换为 NumPy[①]数组的机制，使得 OTB 应用程序与 Python 集成越发简单。

5.2.6　Monteverdi

OTB 中有一个名为 Monteverdi 的可视化软件，可以快速且以用户友好的方式浏览影像集（如系列影像或镶嵌影像）。它基于 OpenGL 着色语言技术提供实时动态显示功能，并基于 OTB 能力即时配准影像[MIC 15]。Monteverdi 还支持完整地访问应用程序的图形界面。装载到 Monteverdi 的影像可以拖放到应用程序中，并将执行处理后的结果影像自动加载到 Monteverdi 中。Monteverdi 的图形界面如图 5.7 所示。

图 5.7　Monteverdi 软件的屏幕截图
加载了两个叠加的影像图层，并使用了局部透明工具。该图的彩色版本参见
www.iste.co.uk/baghdadi/qgis1.zip，2020.7.27

值得注意的是，Monteverdi 不是像 QGIS 这样完整的 GIS 软件，它仅用于影像可视化和简化应用程序集成。对于高级 GIS 操作，如几何要素编辑或属性表操作，建议将 Monteverdi 和类似 QGIS 的地理信息系统软件结合使用。

---

① NumPy 是 Python 编程语言的扩展，用于操纵多维数组和表，以及对这些数组的数学函数运算。

5.3　实验

本节讲述遥感中经常会用到的 OTB 应用，包括从影像预处理到信息提取的各种功能。

下面各个部分将介绍用于卫星影像处理操作的工具。第一部分介绍各种基本工具；第二部分介绍一些影像预处理应用程序，用于从原始遥感影像中生成空间数据；第三部分介绍一些特征提取应用程序，用于从预处理后的影像中提取信息；第四部分介绍用于机器学习的应用程序。

5.3.1　基本工具

可以将影像处理软件比作一个"黑匣子"，即其中的影像处理详细过程并不可知。实际情况通常是这样的，如地理空间应用中关键的影像重采样过程实现：重采样方法通常是隐藏的，用户无法更改。OTB 的设计理念是，每个处理可以视为由几个透明的基本处理块组成。因此有许多 OTB 应用程序专用于基本操作。

遥感影像处理需要一些基础的、必不可少的功能，如：

（1）从影像中提取兴趣区（region of interest，ROI）；

（2）提取影像通道；

（3）叠加影像（如建立时间序列叠加）；

（4）影像重采样（如使其与参考影像具有相同的原点和空间分辨率）；

（5）像素级别的数学运算；

（6）影像滤波（如卷积或形态学运算）。

这部分阐述一些用于基本操作的 OTB 应用程序。

5.3.1.1　提取影像兴趣区

Extract ROI 应用程序用于提取输入影像的一个区域（图 5.8 显示了 ROI）。提取的区域由其原点和大小（以像素坐标表示：列，行）决定。如果输入影像为多光谱影像，还可以指定提取的通道。

用户也可以根据参考影像的空间范围指定 ROI。这种情况下不需要定义区域，程序将根据参考影像自动估计需要提取的区域。此选项特别适用于将影像范围限制在另一个影像所覆盖的地理区域。

图 5.8　使用像素坐标中的原点（Start X，Start Y）及大小（Size X，Size Y）定义兴趣区

该图的彩色版本参见 www.iste.co.uk/baghdadi/qgis1.zip，2020.7.27

在表 5.5 中，应用程序将以 GUI 模式调用，以便说明 OTB 应用程序的首次交互过程。

表 5.5　通过 GUI 使用应用程序

步骤	操作指南
1. 启动程序	打开文件资源管理器并运行 otbgui_ExtractROI 程序： 

步骤	操作指南
1. 启动程序	图形用户界面出现在一个新窗口中： 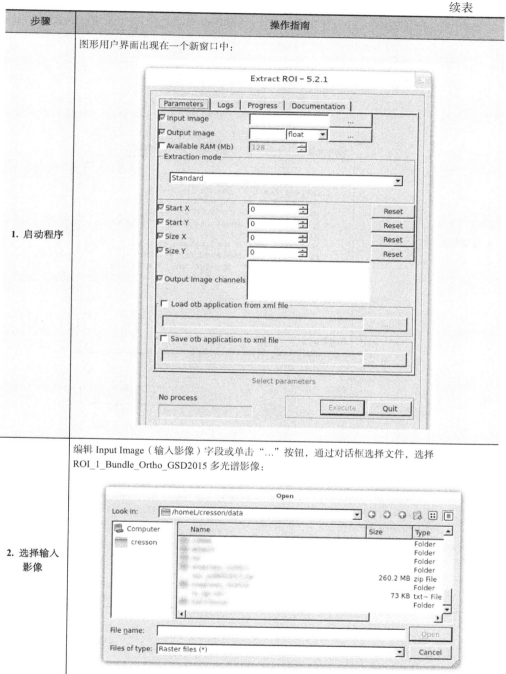
2. 选择输入影像	编辑 Input Image（输入影像）字段或单击"…"按钮，通过对话框选择文件，选择 ROI_1_Bundle_Ortho_GSD2015 多光谱影像：

步骤	操作指南
3. 设置参数	ROI 的原点和大小必须以像素坐标形式定义。 编辑下面的字段： 　　Start X、Start Y、Size X、Size Y。 所有参数均在 Documentation（文档）选项卡中有对应的描述： 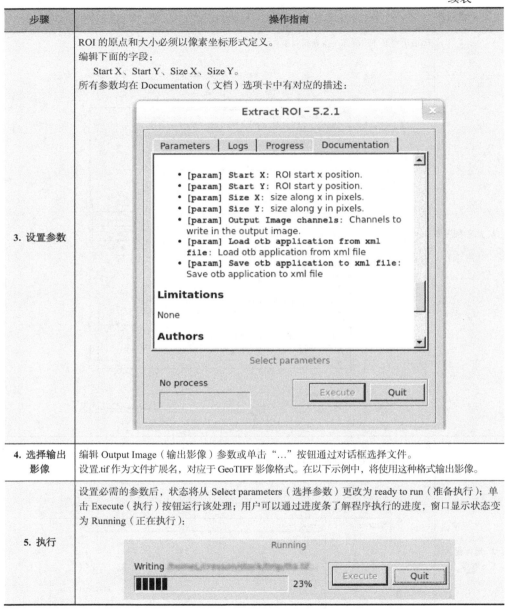
4. 选择输出影像	编辑 Output Image（输出影像）参数或单击"…"按钮通过对话框选择文件。 设置.tif 作为文件扩展名，对应于 GeoTIFF 影像格式。在以下示例中，将使用这种格式输出影像。
5. 执行	设置必需的参数后，状态将从 Select parameters（选择参数）更改为 ready to run（准备执行）；单击 Execute（执行）按钮运行该处理；用户可以通过进度条了解程序执行的进度，窗口显示状态变为 Running（正在执行）：

5.3.1.2　影像重采样

重采样的方法很多，通常适用于特定的情形。这里给出两个示例如下。

（1）数字高程模型：处理这些数据有时涉及计算导数甚至是二阶导数，为了根据地形坡度进行计算，采用双三次插值法有助于减少伪影。

（2）标签（类，二值掩膜等）：需要使用最近邻插值法以保留像素的准确值。

处理时间会因选择的插值方法不同而变化。最近邻插值法比线性插值法快。受每个像素插值的邻域大小影响，双三次插值法最慢。

输入影像具有不同的大小和分辨率时，软件中的基本工具（影像叠加，栅格计算器等）会自行选择一个插值器。这会导致在某些情况下选择的插值方法不符合用户需求而用户并不知晓。

在 OTB 中，Superimpose 应用程序可以使用与参考影像相同的大小和分辨率进行影像重采样。可以选择不同的插值方法：最近邻、线性或双三次插值法。对于双三次插值器，可以更改其半径（默认情况下为两个像素）使得生成的影像更加平滑。例如，当要重采样的影像像素的尺寸比参考影像小时可以避免混叠[1]（图 5.9）。

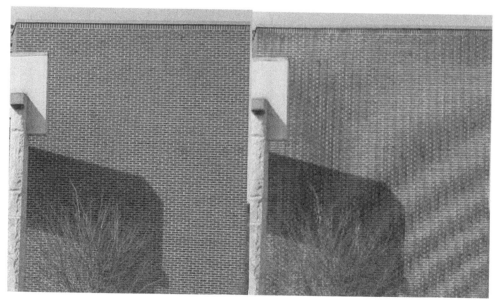

图 5.9　重采样引起的混叠现象

来源：维基百科（Wikipedia）

以下示例中，将采用 GUI 模式简化使用 OTB 应用程序的交互过程（表 5.6）。

---

①采样时混叠会导致不同信号之间变得无法区分。

表 5.6　使用叠加（superimpose）应用程序对影像重采样

步骤	操作指南
1. 启动程序	运行 otbgui_Superimpose： *Superimpose sensor - 5.2.1* Parameters │ Logs │ Progress │ Documentation ☑ Reference input ☑ The image to reproject Elevation management ☐ DEM directory ☐ Geoid File ☑ Default elevation 0.00000 　　Reset ☑ Spacing of the deformation field 4.00000 　Reset ☑ Output image 　float 　… Mode Default mode Interpolation Bicubic interpolation ☑ Radius for bicubic interpolation 2 　Reset ☐ Available RAM (Mb) 128 ☐ Load otb application from xml file ☐ Save otb application to xml file Select parameters No process 　　Execute　Quit
2. 选择输入参考影像	选择输入参考影像： 选择先前使用 Extract ROI 应用程序生成的影像。 ☑ Reference input 　　……
3. 选择要重采样的输入影像	选择要重采样的输入影像[“The image to reproject”（要重采样的影像）]： 使用 ROI_2_XS_Ortho_GSD2016 影像。 ☑ The image to reproject 　　……
4. 选择插值方法	选择插值方法，设置为最近邻插值。
5. 设置其他参数	（1）将其他参数保留为默认值。 （2）Elevation management（高程管理）参数用于非正射校正影像。此参数组用于指定数字地形模型和大地水准面文件的路径。 （3）Spacing of the deformation field（变形场间隔）参数用于更改重采样的网格大小（使用地图单位）。 （4）Mode（模式）参数用于其他处理模式，如使用与参考影像相同的像素间距按输入影像范围进行重采样。

步骤	操作指南
6. 选择输出影像	选择输出影像的文件名。
7. 执行	单击 Execute（执行）按钮执行该处理。
8. 分析	在 QGIS 中导入影像（输入、参考和输出影像），并检查参考影像和输出影像的原点、尺寸和间距是否相同。

5.3.1.3　影像级联

有时候使用多通道影像比使用多幅单通道影像更加方便。ConcatenateImages 应用程序将一组影像作为输入，并将它们级联在一起产生单幅多通道影像输出。需要注意的是，输入影像必须具有相同的大小。

在以下示例中，应用程序以熟悉的窗口模式运行（表 5.7）。

表 5.7　使用 ConcatenateImages 应用程序级联影像

步骤	操作指南
1. 启动程序	运行 otbgui_ConcatenateImages 应用程序： 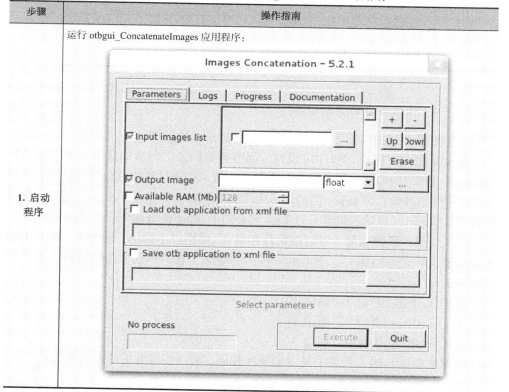

步骤	操作指南
2. 选择输入影像	通过 Input images list（输入影像列表）选择要级联的影像。 找到输入影像的路径然后选中，单击 add（添加）按钮将影像添加到列表中。要移除它，请选中目标影像，然后单击 remove（移除）按钮。 单击 Erase（删除）可以删除整个输入影像列表： 选择上一个示例中生成的两个影像（Extract ROI 的输出影像和 Superimpose 的输出影像）。如果以上步骤都完全正确，两个影像应具有相同的原点、像素大小、行数和列数。
3. 调整输入影像顺序	使用 Up（上）和 Down（下）按钮更改输入影像的顺序。用户可以移动输入影像。输出影像通道将与输入影像的顺序相同。
4. 选择输出影像	设置输出影像的文件名。
5. 执行	单击 Execute（运行）按钮运行该处理。
6. 分析	（1）在 QGIS 中，导入新创建的影像。 （2）检查生成影像通道数是否等于所有输入影像通道数之和。 （3）更改渲染样式使各通道可见并查看其叠加的顺序。

5.3.1.4　像素级别的算术运算

遥感影像处理通常需要进行影像像素的数学函数运算。

BandMath OTB 应用程序可以对一幅或多幅影像进行数学运算，所有输入影像应该具有相同的原点、像素大小、行数和列数。用于计算输出影像的数学表达式是应用程序的参数，为 string 类型。该表达式的语法基于 muParser 库，可以用来解析各种算术运算（包括逻辑等），5.3.1.5 节介绍了 BandMath 输入表达式的语法。

输入变量（影像像素）可以按影像和通道①使用以下语法：$imXbY$，其中 X 是影像编号，Y 是通道编号。下面的一些示例说明了软件识别影像和波段（通道）的原理。

（1）im1b1：影像 1，通道 1；

（2）im1b2：影像 1，通道 2；

（3）im4b3：影像 4，通道 3。

影像的顺序与输入列表中显示的顺序相同。表 5.8 列出了可用的数学函数。

---

① 一幅影像可以由多个通道组成。

表 5.8 算术运算符

函数名	参数数量	描述
sin	1	正弦函数
cos	1	余弦函数
tan	1	正切函数
asin	1	反正弦函数
acos	1	反余弦函数
atan	1	反正切函数
sinh	1	双曲正弦函数
cosh	1	双曲余弦函数
tanh	1	双曲正切函数
asinh	1	双曲反正弦函数
acosh	1	双曲反余弦函数
atanh	1	双曲反正切函数
log2	1	二进制对数
log10	1	以 10 为底的对数
log	1	以 e 为底的对数（2.71828…）
ln	1	以 e 为底的对数（2.71828…）
exp	1	e 的 x 次方
sqrt	1	值的平方根
sign	1	符号函数 如果 $x<0$ 为 -1，如果 $x>0$ 为 1
rint	1	舍入到最接近的整数
abs	1	绝对值
min	var.（参数个数）	所有参数的最小值
max	var.（参数个数）	所有参数的最大值
sum	var.（参数个数）	所有参数之和
avg	var.（参数个数）	所有参数的平均值

表 5.9 中展示了可用的二元运算符。

表 5.9　二元运算符

运算符	描述	优先级
=	赋值	-1
&&	逻辑与	1
||	逻辑或	2
<=	小于或等于	4
>=	大于或等于	4
!=	不等于	4
==	等于	4
>	大于	4
<	小于	4
+	加	5
-	减	5
*	乘	6
/	除	6
^	y 的 x 次幂	7

赋值运算符很特殊，因为它会改变一个自变量的值，并且只能应用于变量。muParser 还为 "if then else" 三元操作提供了内置支持：

```
[condition] ? [operation if condition is true] : [operation else]
```

例如：

```
im1b1 !=0 ? im2b1/im1b1 : 0
```

如果 im1b1 不等于 0，则计算 im2b1/im1b1，否则返回 0。

第二个类似于 BandMath 的应用程序 BandMathX 提供了扩展算法。它基于 muParserX 语法，是 muParser 的高级版本，可以处理数据数组（矢量、矩阵）。本章后面将进一步说明。

在表 5.10 的示例中，BandMath 应用程序将在图形模式下运行，使用两幅影像作为输入，以便引用不同的输入影像通道编写语法命令。

表 5.10 使用 BandMath 应用程序进行逐个像素计算

步骤	操作指南
1. 启动程序	运行 otbgui_BandMath 应用程序：
2. 选择输入影像	选择输入影像： 选择前面示例中最后生成的两幅影像（Extract ROI 的输出影像和 Superimpose 的输出影像）。 与 ConcatenateImage 应用程序一样，BandMath 要求影像的原点、大小和像素间距相同。
3. 设定表达式	输入 muParser 表达式以计算两幅输入影像的归一化植被指数（NDVI）之差。 提示，使用影像光谱波段计算 NDVI 的表达式为：（NIR −Red）/（NIR + Red），其中 NIR 是近红外波段，Red 是可见光的红色波段。 如果输入影像是 SPOT-6 的 4 波段多光谱影像，则红色和近红外波段的索引分别为 4 和 1。因此，计算两幅影像 NDVI 指数之差的表达式如下： ☑ Expression `(im2b4-im2b1)/(im2b4+im2b1)- (im1b4-im1b1)/(im1b4+im1b1)` 说明，可以从 Documentation（文档）选项卡中获得 muParser 语法的帮助。
4. 选择输出影像	选择输出影像的文件名。 注意，输出值是介于 −2.0～2.0 的实数值（NDVI 指数在 −1.0～1.0 之间）。因此，应该将像素类型保存为 "float" 或 "double" 类型以保留计算值的小数。
5. 执行	单击 Execute（执行）按钮执行该处理。

步骤	操作指南
6. 分析	将生成的影像导入 QGIS。 为了验证所得结果，可以执行以下操作： （1）计算影像 1 的 NDVI； （2）计算影像 2 的 NDVI； （3）两个结果相减； （4）与 BandMath 输出进行比较。 根据两幅输入影像的自然色彩合成进行影像解译可以帮助理解土地利用变化对 NDVI 的影响。
7. 创建地图	根据−0.3（对应两幅影像的植被指数降低）的阈值为 NDVI 之差生成一幅二值影像。为此，可以直接设置 NDVI 表达式的差值为−0.3。 另外，是通过输入以下表达式根据 NDVI 差值影像阈值进行计算： `im1b1 <-0.3? 1: 0` 其中，im1b1 指的是 NDVI 影像。
8. 分析	验证二值影像像素值不为零时发生的变化。确认这些区域的植被面积已经大幅度减少（由于砍伐森林等）。

5.3.1.5 形态运算符

BinaryMorphologicalOperation 应用程序用于对二值影像执行形态学操作，定义了结构元素（通常是球形）和操作类型（膨胀，侵蚀，开运算，闭运算）。

膨胀和侵蚀是数学形态学的基本运算：输出像素的取值取决于以该像素为中心的结构元素（如果结构元素包含输入影像的像素，则将输出像素设置为 true-膨胀，否则设置为 false-侵蚀）。

组合这些运算符可以进行各种各样的操作，如以下几点。

（1）形态开运算：侵蚀→膨胀；

（2）形态闭运算：膨胀→侵蚀。

对光学影像[图 5.10（a）]进行阈值化处理获得的二值影像[图 5.10（b）]可以用于表示不同的形态学操作[图 5.10（c）～（f）]。

（a）

（b）

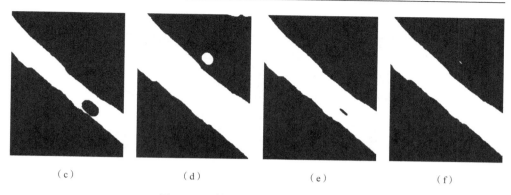

（c）　　　　　　　　　（d）　　　　　　　　　（e）　　　　　　　　　（f）

图 5.10　　所得的光学影像和二值影像

（a）光学影像（SPOT 6）EQUIPEX GEOSUD 项目框架中获取的 SPOT 6 影像，可以在 www.equipex-geosud.fr，2020.7.27 下载；（b）对初始光学影像的一个通道进行阈值化处理后产生的二值影像（在二值影像中，使用半径为 5 像素的结构元素进行一系列形态学运算）；（c）应用侵蚀运算后的二值影像；（d）应用膨胀运算后的二值影像；（e）应用开运算后的二值影像；（f）应用闭运算后的二值影像

在表 5.11 的示例中，BinaryMorphologicalOperation 应用程序将在命令行模式下运行。操作该类型界面的一个好方法是使用文本编辑器复制/粘贴输入的命令行，以便后续使用。

表 5.11　　使用 BinaryMorphologicalOperation 应用程序进行形态学运算

步骤	操作指南

1. 显示帮助文档	首先不带任何参数运行 otbcli_BinaryMorphologicalOperation 应用程序可以显示其描述信息：
	
	`otbcli_BinaryMorphologicalOperation`
	
	然后应用程序描述信息就会显示在屏幕上：
	
	``
	This is the BinaryMorphologicalOperation application, version 5.2.1
	Performs morphological operations on an input image channel
	Complete documentation: http://www.orfeotoolbox.org/Applications/
	BinaryMorphologicalOperation.html
	Parameters:
	        -progress <boolean>Report progress
	MISSING -in <string> Input Image (mandatory)
	MISSING -out <string> [pixel] Feature
	Output Image
	[pixel=uint8/uint16/int16/uint32/int32/float/double] (default value
	is float) (mandatory)
	        -channel <int32> Selected Channel
	(mandateory, default value is 1)
	        -ram <int32> Available RAM (Mb)
	(optional, off by default, default value is 128)
	        -structype <string>
	Structuring Element Type [ball/cross] (mandatory, default value is
	ball)
	        -structype.ball.xradius <int32> The
	Structuring Element X Radius (mandatory, default value is 5)
	        -structype.ball.yradius <int32> The
	``

147

续表

步骤	操作指南
1. 显示帮助 文档	```\nStructuring Element Y Radius (mandatory, default value is 5)\n -filter <string>\nMorphological Operation [dilate/erode/opening/closing]\n(mandatory, default value is dilate)\n -filter.dilate.foreval <float>\nForeground Value (mandatory, default value is 1)\n -filter.dilate.backval <float>\nBackground Value (mandatory, default value is 0)\n -filter.erode.foreval <float>\nForeground Value (mandatory, default value is 1)\n -filter.erode.backval <float>\nBackground Value (mandatory, default value is 0)\n -filter.opening.foreval <float>\nForeground Value (mandatory, default value is 1)\n -filter.opening.backval <float>\nBackground Value (mandatory, default value is 0)\n -filter.closing.foreval <float>\nForeground Value (mandatory, default value is 1)\n -inxml <string> Load otb application from\nxml file (optional, off by default)\n\nExamples:\notbcli_BinaryMorphologicalOperation -in qb_RoadExtract.tif -out\nopened.tif -channel 1 -structype.ball.xradius 5 structype.ball.\nyradius 5 -filter erode\n```
2. 选择操作	此操作旨在对先前生成的二值影像执行形态学操作，以消除较小的孤立像素。为此，选择形态开运算。 为了选择开运算，将"–filter"（过滤）参数设置为"opening"（开运算）值： `-filter opening`
3. 选择结构 元素	结构元素的大小决定了将要删除的孤立像素的大小。从 1 个像素半径开始，以仅消除孤立的像素： `-structype.ball.xradius 1 -structype.ball.yradius 1`
4. 选择输出 影像	选择输出影像的文件名。
5. 执行	通过终端命令行来执行算法： ```\notbcli_BinaryMorphologicalOperation -in inputImage.tif\n-filter opening -structype.ball.xradius 1\n-structype.ball.yradius 1 -out openedImage.tif\n```
6. 可视化	将形态开运算的结果与原始结果进行比较。 重复上面的步骤，逐渐增加结构元素的半径并观察移除孤立像素组的影响。 通过替换参数"–filter"（过滤）的值"opening"（开运算）为"erode"（侵蚀），"dilate"（膨胀），"closing"（闭运算）重复上述操作测试其他形态算子。其中，测试形态闭运算的示例如下： ```\notbcli_BinaryMorphologicalOperation -in inputImage.tif\n-filter closing -structype.ball.xradius 1\n-structype.ball.yradius 1 -out closedImage.tif\n```

5.3.1.6 滤波：平滑

本部分介绍 Smoothing（平滑）应用程序，可以对影像进行各种滤波操作（均值滤波、高斯滤波、各向异性扩散）。均值滤波器和高斯滤波器是对影像的卷积，一个具有不变的内核，另一个具有高斯内核。各向异性扩散，也称为 Perona-Malik 扩散，是一种保持对象轮廓的平滑技术[PER 90]。

这些滤波器对光学影像的影响如图 5.11 所示。

 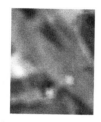  

（a）初始影像（SPOT 6）　（b）均值滤波后的影像　（c）高斯滤波后的影像（d）各向异性扩散滤波后的影像

图 5.11　初始影像和各滤波影像

初始影像为 EQUIPEX GEOSUD 项目框架中获取的 SPOT 6 影像，可以在 www.equipex-geosud.fr，2020.7.27 下载

在下面的示例（表 5.12）中，使用 Smoothing 应用程序在宽度为 7 个像素的窗口中生成局部均值像素影像。

表 5.12　使用 Smoothing 应用程序进行影像平滑

步骤	操作指南

1. 显示帮助	运行不带参数的 otbcli_Smoothing 应用程序以显示其描述信息。输入以下命令：
	
	``
	otbcli_Smoothing
	``
	
	然后应用程序描述会显示在屏幕上：
	
	``
	This is the Smoothing application, version 5.2.1
	Apply a smoothing filter to an image
	Complete documentation: http://www.orfeotoolbox.org/Applications/
	Smoothing.html
	Parameters:
	        -progress <boolean>Report progress
	MISSING -in <string> Input Image (mandatory)
	MISSING -out <string> [pixel] Output
	Image
	[pixel=uint8/uint16/int16/uint32/int32/float/double] (default value
	is float) (mandatory)
	        -ram <int32> Available RAM (Mb)
	(optional, off by default, default value is 128)
	        -type <string>
	Smoothing Type [mean/gaussian/anidif] (mandatory, default value is
	anidif)
	``

步骤	操作指南

1. 显示帮助	```
	        -type.mean.radius <int32> Radius (mandatory,
	default value is 2)
	        -type.gaussian.radius <float> Radius (mandatory,
	default value is 2)
	        -type.anidif.timestep <float> Time Step (mandatory,
	default value is 0.125)
	        -type.anidif.nbiter <int32> Nb Iterations
	(mandatory, default value is 10)
	        -type.anidif.conductance <float>
	Conductance (mandatory, default value is 1)
	        -inxml <string> Load otb application from
	xml file
	(optional, off by default)
	
	Examples:
	Image smoothing using a mean filter.
	otbcli_Smoothing -in Romania_Extract.tif -out smoothedImage_mean.png
	uchar -type mean
	Image smoothing using an anisotropic diffusion filter.
	otbcli_Smoothing -in Romania_Extract.tif -out smoothedImage_ani.png
	float -type anidif type.anidif.timestep 0.1 -type.anidif.nbiter 5
	type.anidif.conductance 1.5
	``

2. 选择滤波方法	在影像上应用均值滤波器。将 "-type" 参数设置为 "mean" 以选择均值滤波器。 ``` -type mean ```
3. 设置半径	半径决定均值滤波器窗口大小。为了使邻域平均像素大小为 7 像素×7 像素，将半径设置为 3 个像素。 ``` -type.mean.radius 3 ```
4. 选择输入影像	将 "-in" 参数设置为输入影像文件名 "ROI_2_XS_Ortho_GSD2016"。
5. 选择输出影像	编辑 "-out" 参数以设置输出文件名。
6. 执行	执行算法： ``` otbcli_Smoothing -in inputImage.tif -type mean -type.mean.radius 3 -out meanFilteredImage.tif ```
7. 可视化	将生成的影像与原始影像进行比较。 用高斯滤波器重复上述操作。为此，将 "type" 参数更改为 "Gaussian"： ``` otbcli_Smoothing -in inputImage.tif -type gaussian -type.gaussian.radius 3 -out gaussianFilteredImage.tif ``` 将输出影像与先前滤波的结果影像进行比较。

5.3.1.7　扩展的像素级别操作

BandMathX 应用程序与 BandMath 类似，不同之处在于它能够进行矢量和矩阵运算，并且有更丰富的指令集。例如，可以对像素邻域的像素执行操作，或者获得输入影像的统计信息。表 5.13 展示了输入表达式中可使用的变量。

表 5.13　BandMathX 应用程序中可使用的变量

变量	说明
im1	第一个输入影像的像素，由 N 个分量组成（N 为第一个输入影像的通道数）
im1b1	第一个输入影像的第一个像素分量（与 BandMath 类似）
im1b1N3×5	第一个输入影像的第一个分量的邻域，大小为 3 像素×5 像素。邻域以像素为中心（其尺寸必须为奇数）
im1b1Mini	第一个输入影像的第一通道的最小值
im1b1Maxi	第一个输入影像的第一个通道的最大值
im1b1Sum	第一个输入影像的第一通道的像素总和
im1b1Mean	第一个输入影像的第一通道的像素平均值
im1b1Var	第一个输入影像的第一通道的像素方差
im1PhyX/im1PhyY	第一个影像 X/Y 方向上的像素物理大小
idxX/idxY	当前像素的位置索引（列/行）

BandMath 支持新的扩展操作，包括隐式地处理多个通道的功能。

（1）对两个具有多分量的像素求和（像素应该具有相同数目的分量才能进行求和，即影像应该具有相同数目的通道）：m1+im2。

（2）对具有多个分量的像素增加标量：im1+{1}。此操作将数字 1 增加到影像 1 的所有像素分量上。

（3）将矢量增加到像素（矢量必须具有与像素相同的分量数目，即要增加的矢量分量必须与影像中的通道数目相同）：im1+{1,2，–1,1}。此操作将矢量（1,2，–1,1）增加到影像 1 的像素中。影像 1 的像素必须具有四个分量（四个通道）。例如，对于影像 1 中值为{134,34,45,221}的像素，计算出的结果像素值为{135,36,44,222}。

（4）将一个像素与多个分量或一个矢量相乘。元素的尺寸必须与操作要求一致。分量数量的约束与矩阵计算的约束相同：①im2*{2,2,2,2}'。此处的 "'" 字符表示其前面的矢量转置。该操作可以计算影像的每个像素（具有 4 个通道）和矢量{2,2,2,2}的标量积。如果表达式为 im2*{2,2,2,2}，将返回错误消息，因为乘法运算不正确。②{im2b1,im2b2}*{1,2}'。该操作可以计算一个标量积，其结果等于第二幅输入影像的波段 1 与 2 倍波段 2 之和。如果表达式为{im2b1,im2b2}*{1,2}，将返回错误消息，因为乘法运算不正确。

BandMathX 还包含了新的矢量或矩阵运算符：

（1）所有一开始不能用于矢量的 BandMath 运算符（cos，sin 等）都可以用于矢量运算。这些运算会应用到矢量或矩阵的每个分量，运算符前缀中添加了字符 "v"（vcos，vsin 等）。还可以在矩阵中使用多参数运算符（最小，最大，总和，平均）。例如，下面的表达式可以计算像素邻域为 3 像素×5 像素（即以待处理像素为中心的 3 像素×5 像素邻域）的最小值：

$$\min(\text{im1b1N3}\times5)$$

（2）逐个分量计算两个矢量的运算符：mult（乘法），div（除法），pow（幂）。例如，下面的表达式计算每个通道分量 image1/image2 的商：

$$\text{im1 div im2}$$

（3）逐个分量计算矢量和标量的运算符：mlt（乘法），dv（除法），pw（幂）。例如，下面的表达式计算影像 1 中每个通道分量像素值除以 2 的结果：

$$\text{im1 dv 2}$$

（4）波段运算符用于选择指定的影像波段和/或在新矢量中重新排列它们。例如，下面的表达式使得影像 1 的波段 1 和波段 2 互换位置（波段 3 和 4 保持位置不变）：

$$\text{bands(im1,\{2,1,3,4\})}$$

（5）此应用程序提供的另一个功能是定义常量（矩阵或标量）。由于本章不对此展开讨论，建议读者在 OTB 官方网站上获取详细的应用程序文档。

在下面的示例中，将以图形界面模式运行 BandMathX 应用程序，根据不同的输入通道表达式对两幅输入影像进行处理（表 5.14）。

表 5.14　使用 BandMathX 应用程序进行扩展的像素计算

步骤	操作指南
1. 启动应用程序	运行 otbgui_BandMathX 应用程序：

步骤	操作指南
2. 选择影像	编辑 Input images list（输入文件列表）以选择输入影像： 选择前面示例中生成的两幅影像（Extract ROI 的输出影像和 Superimpose 的输出影像）。
3. 输入矢量表达式	计算并获得一幅影像，其通道分别为影像 1 和 2 的植被指数： ☑ Expression　{(im1b4-im1b1)/(im1b4+im1b1); (im2b4-im2b1)/(im2b4+im2b1)} 该表达式将生成一幅具有两个分量像素的输出影像，其中每个分量等于一幅输入影像的 NDVI 指数值。 注意，muParser 区分大小写并且以空格分隔，因此请不要在表达式之间保留空格（空格被认为是级联操作）。
4. 选择输出影像	设置 Output Image（输出影像）参数以选择输出影像的文件名。
5. 执行	单击 Execute（执行）执行处理。
6. 计算矢量的最大值	修改表达式再次执行该处理创建另一幅影像，其中每个像素为两幅影像的 NDVI 最大值。使用 muParserX 中的"vmax"函数： vmax({(im1b4-im1b1)/(im1b4+im1b1); (im2b4-im2b1)/(im2b4+im2b1)}) 注意，也可以使用先前计算的影像，并使用函数"vmax"。在这种情况下，表达式将简化为"vmax"（im1）。

5.3.2　影像预处理应用程序

本部分介绍遥感中常用的影像预处理应用程序，目的是根据原始、未经加工的产品生成可在地理信息系统中使用的影像（经过几何和辐射处理）。

5.3.2.1　光学影像的辐射处理

本节回顾多光谱卫星影像辐射校正的常用方法，这些方法很大程度上来源于 Ose 等[OSE 16]的工作。大气效应和许多其他因素会改变影像的辐射率，如地形效应、大气散射、方向效应（与太阳角，观测角或地面性质有关）。本节暂不详细介绍可用的校正方法。

传感器接收到的光能是经过大气和地球表面多次相互作用的结果。在大气中，扩散和吸收机制使这些辐射衰减。其次，能量还可能被地球表面吸收、透射和/或反射（图 5.12）：

（1）反射的能量、地表辐射或者二次穿过大气层的冠层（ top of canopy，TOC）辐射；

（2）传感器记录地表辐射或大气表观（TOA）辐射。

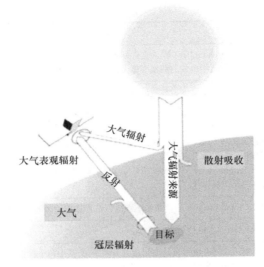

图 5.12 太阳辐射、大气层与地球表面之间的相互作用（来源：[OSE 16]）

在遥感中，通常将原始像素转换为 TOA 或 TOC 反射率（即反射能量的一部分，相对于入射能量）来进行辐射指数的时间序列分析。

（1）原始像素转换到辐射：对于每个通道而言，传感器记录的数值与辐射率呈线性函数关系。这组函数的参数来自传感器校准曲线，通常可在产品的元数据中获得。

（2）辐射转换到 TOA 反射率：TOA 反射率是地球表面和大气层反射后到达传感器的部分能量，因此是[0, 1]范围内的一个连续值，便于对两幅或多幅影像进行相对比较。每个通道的 TOA 反射率和 TOA 辐射度是线性函数关系。函数的参数与地球到太阳的距离、太阳照度和仰角有关，通常可在产品的元数据中获得。

（3）TOC 反射率：TOC 反射率取决于大气的反射率和透射率。因此计算它有两个难点，首先是大气条件不均匀，其次是它们并不总是在兴趣区（ROI）中可用。计算 TOC 反射率主要有两种途径：①辐射传递模型（6S 方法），此方法需要气象信息（压力、温度、不同气体的成分、气溶胶组成等）、光学特性（能见度、透明程度等）、地面特性（均匀或非均匀反射率、方向效应、土地利用类型等）以及用于计算辐射率的参数；②使用不变目标校正，这套方法仅依靠影像内部的可用信息推断大气特性。在最流行的方法中，暗物体扣除法基于辐射不变目标（如山体阴影）计算校正参数。

在下面的示例中，使用 OpticalCalibration 应用程序计算 SPOT 6 影像的反射率（表 5.15）。

表 5.15 使用 OpticalCalibration 应用程序进行光学校准

步骤	操作指南
1. 浏览文件	浏览文件系统，找到要进行辐射校正的影像位置。 在 SPOT 6 产品目录树中，影像的名称组织如下：IMG _… TIF（TIFF 格式影像）或 IMG … JP2（jpeg2000 格式影像）。它们的元数据命名如下：DIM _… XML，其中包含了用于计算 TOA 反射率的参数。 影像和元数据文件名称必须是与 Dimap 兼容的形式： （1）DIM_SPOT6_MS_… _1.XML，对应元数据文件； （2）IMG_SPOT6_MS_… _1_RxCy.TIF，对应影像文件。 如果文件以不同的方式命名，OTB 函数可能无法正确访问元数据文件。在这种情况下，用户必须手动指定所有参数（日期、角度、增益、偏差等）。 注意，OTB 支持以下传感器的光学校准：QuickBird, Ikonos, WorldView（1、2 和 3），Formosat, SPOT 4/5/6/7, Pleiades。对于这些传感器，所有参数都可从产品元数据中自动获取。

2. 显示帮助	运行不带参数的 otbcli_OpticalCalibration 可以显示应用程序描述：
	
	``
	otbcli_OpticalCalibration
	``
	
	应用程序描述会显示在屏幕上：
	
	``
	This is the OpticalCalibration application, version
	5.2.1
	Perform optical calibration TOA/TOC (Top Of
	Atmosphere/Top Of Canopy). Supported sensors: QuickBird,
	Ikonos, WorldView2, Formosat, Spot5, Pleiades, Spot6.
	For other sensors the application also allows providing calibration
	parameters manually.
	
	Complete documentation: http://www.orfeotoolbox.org/Applications/
	OpticalCalibration.html
	Parameters:
	       -progress <boolean>
	Report progress
	MISSING -in <string> Input
	(mandatory)
	MISSING -out <string> [pixel]
	Output
	[pixel=uint8/uint16/int16/uint32/int32/float/double]
	(default value is float) (mandatory)
	       -ram <int32>
	Available RAM (Mb) (optional, off by default, default
	value is 128)
	       -level <string>
	Calibration Level [toa/toatoim/toc] (mandatory, default
	value is toa)
	       -milli <boolean>
	Convert to milli reflectance (optional, off by default)
	       -clamp <boolean>Clamp
	of reflectivity values between [0, 100] (optional, on
	by default)
	       -acqui.minute <int32>
	Minute (mandatory, default value is 0)
	       -acqui.hour <int32> Hour
	(mandatory, default value is 12)
	       -acqui.day <int32> Day
	(mandatory, default value is 1)
	       -acqui.month <int32> Month
	(mandatory, default value is 1)
	``

步骤	操作指南
3. 显示帮助	<pre> -acqui.year <int32> Year
(mandatory, default value is 2000)
-acqui.fluxnormcoeff   <float> Flux
Normalization (optional, off by default)
-acqui.sun.elev   <float> Sun
elevation angle (°) (mandatory, default value is 90)
-acqui.sun.azim   <float> Sun
azimuth angle (°) (mandatory, default value is 0)
-acqui.view.elev   <float>
Viewing elevation angle (°) (mandatory, default value is 90)
-acqui.view.azim   <float>
Viewing azimuth angle (°) (mandatory, default value is 0)
-acqui.gainbias   <string> Gains
biases (optional, off by default)
    -acqui.solarilluminations <string> Solar
illuminations (optional, off by default)
    -atmo.aerosol   <string>
Aerosol Model
[noaersol/continental/maritime/urban/desertic]
(mandatory, default value is noaersol)
    -atmo.oz   <float> Ozone
Amount (optional, on by default, default value is 0)
    -atmo.wa   <float> Water
Vapor Amount (optional, on by default, default value is
2.5)
    -atmo.pressure   <float>
Atmospheric Pressure (optional, on by default, default value is 1030)
    -atmo.opt   <float>
Aerosol Optical Thickness (optional, on by default, default value is
0.2)
    -atmo.aeronet   <string>
Aeronet File (optional, off by default)
    -atmo.rsr   <string>
Relative Spectral Response File (optional, off by default)
    -atmo.radius   <int32>
Window radius (adjacency effects) (optional, off by default, default
value is 2)
    -atmo.pixsize   <float>
Pixel size (in km) (optional, on by default, default value is 1)
    -inxml   <string>
Load otb application from xml file (optional, off by default)

Examples:
otbcli_OpticalCalibration -in QB_1_ortho.tif -level toa
-out OpticalCalibration.tif</pre> |
| 4. 设定参数 | 如果输入影像符合 dimap 格式，则会自动设置"acqui"参数组。参数组"atmo"仅用于 TOC 反射率。
其他参数：
（1）"level"是指校正的类型（可能值为"toa"，"toc"或"toatoim"）；
（2）反射率值是一个小于 1 的十进制浮点数。"milli"参数用于将该值乘以 1000，从而可以对这些值采用 16 位编码，以节省磁盘空间（只需要浮点数一半的内存）。
在本实验中，仅设置以下参数。
（1）"in"：输入影像的文件名"ROI_2_XS_Ortho_GSD2016"；
（2）"level"为"toa"；
（3）"out"：输出 TOA 反射率影像的文件名。 |

步骤	操作指南
5. 执行	执行算法。
6. 分析	在原始影像（TOA 校正之前）和 TOA 反射率校正后的影像上计算 NDVI。 对两个 NDVI 进行比较：在 QGIS 中打开两幅输出影像，然后使用 value tool（值工具）[在 View（视图）→ Panels（面板）中，如果没有找到，使用插件管理器搜索并安装]。

5.3.2.2 SAR 辐射处理

合成孔径雷达（SAR）是一种通过雷达运动模拟较高分辨率的大天线，从而获取影像的雷达。图 5.13 描述了它的探测原理，其中目标 P 被移动平台以不同的探测角度观测了三次。SAR 处理时将组合这些探测，可以提高长为 L 的原始天线分辨率，达到相当于长为 M 的合成天线分辨率，其中 M 对应平台在方位角方向上的路径长度。目标 P 的回波将被距离 h 处的平台接收。

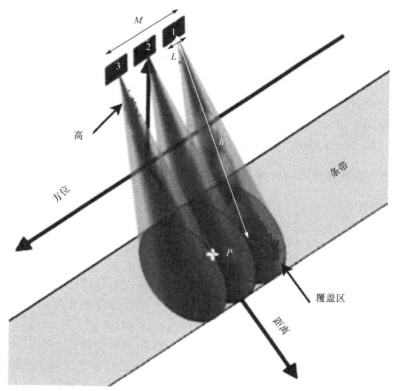

图 5.13 SAR 探测原理

移动平台上的雷达多次观测目标 P（在距离 h 处），提供的分辨率相当于长度为 M 的合成天线（来源：维基百科）

SAR 的原理是一种主动微波遥感方法，可以全天候捕获影像，因此在实际应用中优势明显。它广泛应用于各种环境，从地面到海上应用，如农业监测（通常与光学观测相结合）、洪水区域探测、漏油监测，海上非法排放或冰川监测等。

根据 SAR 探测原理可以衍生出更多高级的方法，如干涉测量法，可以用于生成 DEM 或者测量微小位移；偏振测量法，可以用来提取植被类型等的对象特征。

SAR 影像辐射处理可以生成与后向散射信号直接相关的像素值。实际上，后向散射信号的状态取决于地面特征，尤其是地面褶皱、土壤湿度以及几何（偶极，角反射）。

对于光学影像，辐射校正将数字转换为物理量。通常，级别 1 的对地观测产品不包含这些校正。因此，应用校准获取后向散射信号的物理值和地面特性显得尤为重要，它还可以用来比较来自不同传感器的不同影像。

SAR 校准主要包括计算以下分量。

（1）Beta Nought（$\beta°$）：即雷达亮度，对应于单位面积的反射率，以倾斜范围表示。

（2）Sigma Nought（$\sigma°$）：对应雷达的后向散射系数，并直接与观测到的地面特性相关，表示平面假设条件下的像素等效雷达面。该值通常以分贝（dB）为单位来表示。

（3）Gamma Nought（$\gamma°$）：入射角归一化后的雷达后向散射系数。

SAR 影像产品通常提供元数据，可以将像素值转换为这些物理量。

这些物理量可以使用 OTB 应用程序 SARCalibration 计算。SAR 辐射处理的文档可在使用手册（Cookbook）[OTB 17c]的"SAR processing"部分找到。支持的传感器包括 TerraSAR-X，Sentinel-1 和 Radarsat-2。

5.3.2.3 遥感影像几何处理

1）正射校正

卫星影像正射校正是将影像校正为理论上在最低点垂直获取的影像。此操作的目的是消除影像透视（或倾斜，图 5.14）和地形起伏（图 5.15）的影响。正射校正后的影像可以用于测量距离、角度和面积。

一般而言，封装了非正射校正产品的影像文件没有地理配准元数据。元数据通常封装在另一个文件中。例如，SPOT 6 栅格传感器影像的文件头中没有任何地理配准信息，所有与获取相关的元数据都包含在 XML 文档（dimap 格式）中。由于没有附加的坐标参考系统，这些影像无法直接在 GIS 中使用。它们只能以像素坐标的形式显示[图 5.16（a）]。正射校正包括对影像进行几何变换。正射校正后，影像就具有基准（大地坐标系）信息。然后，包含正射校正影像（如 GeoTIFF）的文件将包含描述空间信息的元数据。GIS 中常用的元数据包括：

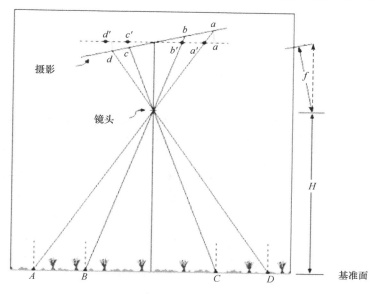

图 5.14　倾斜位移

倾斜位移是指倾斜图片上物体影像位置与真正垂直图片理论位置之间的偏移。这是由于在曝光时图片平面相对于基准面存在倾斜。图中展示了这种效果。尽管在基准面上 *AB* 和 *CD* 之间的距离相同，但它们在图片平面上对应的距离却不相同（即 *ab* 和 *cd* 之间的距离不相等）（来源：OSSIM）

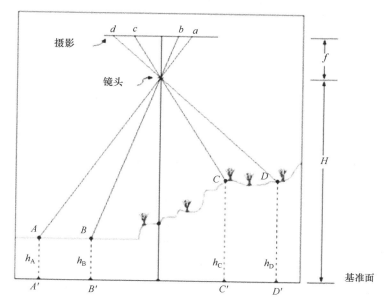

图 5.15　地形起伏位移

地形起伏位移是由于使用特定基准时高程差异引起的影像位置偏移。对于垂直或近乎垂直的摄影，偏移从最低点开始径向发生。图中展示了这种效果。虽然在基准面上 *AB* 和 *CD* 之间的距离相同，但它们在图片平面上的对应距离不一样（即 *ab* 和 *cd* 之间的距离不相等）（来源：OSSIM）

（1）空间参考系统；

（2）以空间参考系统单位为单位的左上像素（影像原点）坐标系；

（3）以空间参考系统单位为单位的 *X*、*Y* 轴像素大小。

利用这些空间信息可以计算每个像素在地图上的坐标，将正射校正影像叠加到地图上或与其他正射校正影像叠加[图 5.16（b）]。

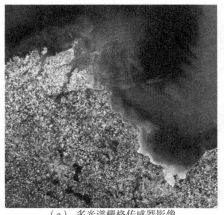 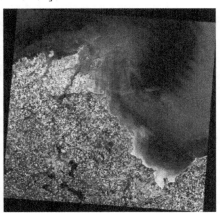

（a）多光谱栅格传感器影像 （b）正射校正后的影像

图 5.16 多光谱栅格传感器影像(SPOT 6)与正射校正后的影像

（a）为 EQUIPEX GEOSUD 项目框架下获得的 SPOT 6 影像，可在 www.equipex-geosud.fr，2020.7.27 下载

为进行卫星影像正射校正，通常需要以下信息：

（1）影像和传感器模型；

（2）数字高程模型。

传感器模型描述了所有传感器采集参数，因此可以精确定位像素在地球表面的位置。物理传感器模型根据轨道信息（传感器获取影像时的位置和方向）得到，但是还有其他模型会包含大气效应或接收站执行的一些处理（如根据制图投影对影像进行重采样）。通常，模型实现与特定的传感器有关（如横扫式、推扫式、针孔式、框幅式相机、SAR 等），并且模型参数因设备不同而不同。还有一些使用数学近似（如多项式、几何级数等）表示的传感器模型，替换了物理变换模型的方程式（替换模型）。另一系列的传感器模型提供影像的网格变换。这些模型通常根据获取影像的物理参数得到，其目的是以精度为代价换取更快的执行速度（变换是简单的插值，而非复杂、严谨和非线性的建模）。数字地形模型是一种地表地形表示（通常为栅格形式），在影像处理工具中经常使用到。使用数字地形模型可以在地球表面确定一个点的三维坐标，对于传感器模型的使用十分重要。

在以下示例中，使用产品的传感器模型（在元数据中定义）和数字地形模型对 SPOT 6 栅格传感器影像（ROI_3_P_Sensor_GSD2016）进行正射校正。下面的

OTB 应用程序将在命令行中调用。

　　首先，使用 DownloadSRTMTiles 应用程序下载影像正射校正所需的数字地形模型。该应用程序可以通过关联传感器模型确定原始影像的坐标，从而找到要下载的数字地形模型（表 5.16）。

表 5.16　使用 DownloadSRTMTiles 应用程序下载 SRTM 数字高程模型瓦片

步骤	操作指南
1. 创建一个文件夹	在文件系统中创建一个名为"DEM_Tiles"的目录，用于存储 DownloadSRTMTiles 应用程序下载的数字高程模型文件。
2. 获取数字高程模型	使用 DownloadSRTMTiles 应用程序检索需要的数字地形模型。输入以下应用程序参数。 （1）"il"：用于检索 DEM 的原始影像（ROI_3_P_Sensor_GSD2016）； （2）"mode.download.outdir"：先前创建的"DEM_Tiles"目录，其中将存储数字高程模型文件。 执行以下命令（将<< DEM_Tiles >>替换为存储数字高程模型瓦片的完整路径）： `otbcli_DownloadSRTMTiles -mode.download.outdir <<DEM_Tiles>> -il rawInputImage.TIF`

3. 执行	在命令行中运行。
	应用程序将显示与影像覆盖区域对应的下载文件名称。
	
	`2017 Mar 22 14:05:37 : Application.logger (INFO) Found Tile on USGS server at URL: http://dds.cr.usgs.gov/srtm/version2_1/SRTM3/Africa/N48W003.hgt.zip`
	`2017 Mar 22 14:05:38 : Application.logger (INFO) Found Tile on USGS server at URL: http://dds.cr.usgs.gov/srtm/version2_1/SRTM3/Africa/N48W004.hgt.zip`
	`2017 Mar 22 14:05:39 : Application.logger (INFO) Found Tile on USGS server at URL: http://dds.cr.usgs.gov/srtm/version2_1/SRTM3/Africa/N49W003.hgt.zip`
	`2017 Mar 22 14:05:39 : Application.logger (INFO) Found Tile on USGS server at URL: http://dds.cr.usgs.gov/srtm/version2_1/SRTM3/Africa/N49W004.hgt.zip`

　　然后，可以使用正射校正（OrthoRectification）应用程序（表 5.17）。

表 5.17　使用 OrthoRectification 应用程序对影像进行正射校正

步骤	操作指南

1. 显示应用程序描述	执行不带参数的 otbcli_OrthoRectification 应用程序可以显示其描述信息：
	
	`otbcli_OrthoRectification`
	
	应用程序描述信息显示在屏幕上：
	
	`This is the OrthoRectification application, version 5.2.1`
	`This application allows ortho-rectification of optical images from supported sensors.`
	`Complete documentation: http://www.orfeotoolbox.org/Applications/OrthoRectification.html`
	`Parameters:`

步骤	操作指南

1. 显示应用程序描述	`-progress                        <boolean>Report progress`
	`MISSING -io.in                   <string> Input`
	`Image (mandatory)`
	`MISSING -io.out                  <string> [pixel] Output`
	`Image [pixel=uint8/uint16/int16/uint32/int32/float/double]`
	`(default value is float) (mandatory)`
	`        -map                     <string> Output`
	`Cartographic Map Projection`
	`[utm/lambert2/lambert93/wgs/epsg] (mandatory, default value is utm)`
	`        -map.utm.zone            <int32> Zone   number   (mandatory,`
	`default value is 31)`
	`        -map.utm.northhem        <boolean>Northern           Hemisphere`
	`(optional, off by default)`
	`        -map.epsg.code           <int32> EPSG   Code    (mandatory,`
	`default value is 4326)`
	`        -outputs.mode            <string>`
	`Parameters estimation modes`
	`[auto/autosize/autospacing/outputroi/orthofit] (mandatory, default`
	`value is auto)`
	`MISSING -outputs.ulx             <float> Upper Left X  (mandatory)`
	`MISSING -outputs.uly             <float> Upper Left Y  (mandatory)`
	`MISSING -outputs.sizex           <int32> Size X  (mandatory)`
	`MISSING -outputs.sizey           <int32> Size Y  (mandatory)`
	`MISSING -outputs.spacingx        <float> Pixel Size X  (mandatory)`
	`MISSING -outputs.spacingy        <float> Pixel Size Y  (mandatory)`
	`        -outputs.lrx             <float> Lower  right X  (optional,`
	`off by default)`
	`        -outputs.lry             <float> Lower  right Y  (optional,`
	`off by default)`
	`        -outputs.ortho           <string> Model ortho-image (optional,`
	`off by default)`
	`        -outputs.isotropic       <boolean>Force isotropic spacing by`
	`default  (optional, on by default)`
	`        -outputs.default         <float> Default   pixel    value`
	`(optional, on by default, default value is 0)`
	`        -elev.dem                <string> DEM directory  (optional,`
	`off by default)`
	`        -elev.geoid              <string> Geoid File  (optional, off`
	`by default)`
	`        -elev.default            <float> Default          elevation`
	`(mandatory, default value is 0)`
	`        -interpolator            <string>`
	`Interpolation [bco/nn/linear] (mandatory, default value is bco)`
	`        -interpolator.bco.radius <int32> Radius    for    bicubic`
	`interpolation  (mandatory, default value is 2)`
	`        -opt.rpc                 <int32> RPC modeling (points per`
	`axis) (optional, off by default, default value is 10)`
	`        -opt.ram                 <int32> Available`
	`RAM (Mb) (optional, off by default, default value is 128)`
	`        -opt.gridspacing         <float>`
	`Resampling grid spacing  (optional, on by default, default value is 4)`
	`        -inxml                   <string> Load otb application from`
	`xml file (optional, off by default)`
	`Examples: otbcli_OrthoRectification -io.in`
	`QB_TOULOUSE_MUL_Extract_500_500.tif -io.out`
	`QB_Toulouse_ortho.tif`

步骤	操作指南
2. 设置参数	设置如下参数。 （1）"io.in"：输入影像文件名（即需要校正的影像 ROI_3_P_Sensor_GSD2016），后跟扩展参数 "? & skipcarto = true"。扩展参数对于校正 OrthoReady 产品是必需的，这些产品包括 QuickBird、GeoEye、OrthoReady2A 级别[*]的 WV2 和 WV3[**]产品，以及 SPOT 6／7 栅格传感器。这些产品具有伪坐标参考系统，无法在地理信息系统中直接使用。可以忽略掉扩展参数 "? & skipcarto = true" 不需要的元数据。 （2）"io.out"：输出影像的路径。SPOT 6 影像使用 16 位无符号整数编码，因此可以将像素类型设置为 uint16。 （3）"map"：选择用于法国大都市的地图投影 "lambert93"。 （4）"elev.dem"："DEM_Tiles" 目录，其中包含数字高程模型瓦片。 参数的默认值适用于当前的大部分影像。但是，可能需要对它们进行一些调整以减少快速预览所需要的运算时间。 （1）"interpolator"：如 5.3.1.2 节所述，处理时间在很大程度上取决于插值方法。最近邻插值法最快，所以选择 "nn" 以减少计算时间。 （2）"opt.gridspacing"：确定变形网格的格网大小，以地图单位为单位。该值越高，变形将越大，但是相应的计算时间也越少。应当注意的是，定义小于影像像素尺寸的格网通常不怎么有用。原则上，变形网格的格网大小等于若干个像素的大小比较合适。而对于 1.5m 的全色 SPOT 6 影像，定义 15m 的格网大小（对应于 10 个像素）比较合理。当数字地形模型和影像像素间距较小且地形非常粗糙时，变形网格尺寸应设置较小值。
3. 执行	执行该处理（将 << DEM_Tiles >>替换为包含数字高程模型瓦片的目录完整路径）： ``` otbcli_OrthoRectification -io.in "PATH/TO/IMG_SPOT6_..._1_R1C1.TIF?&skipcarto=true" -io.out roiOrtho.tif -map lambert93 -elev.dem <<DEM_Tiles>> -interpolator nn -opt.gridspacing 15 ```
4. 可视化	将正射校正后的影像导入 QGIS 并浏览。
5. 评估 DEM 的作用	在不指定数字地形模型的情况下再次运行该应用程序，这样在正射校正过程中仅会使用轨道参数，而不会考虑任何高程信息： ``` otbcli_OrthoRectification -io.in "PATH/TO/IMG_SPOT6_..._1_R1C1.TIF?&skipcarto=true" -io.out roiOrtho_no_dem.tif -map lambert93 -interpolator nn -opt.gridspacing 15 ``` 将输出影像导入 QGIS 并浏览。 比较使用和没用数字高程模型进行正射校正的影像效果。

* WorldView 2 和 3 的 OrthoReady-2A 级别产品。

** WorldView 2 和 3。

2）使用地面控制点进行正射校正

近来传感器模型通常可以保证相对于参考影像的误差为米级。但是，这种精度并不总是满足需要，尤其是需要使用影像进行较小地物的地理定位或变化检测时。本小节将讨论使用地面控制点，也就是参考点改进传感器模型。因此，正射校正影像的精度更加接近于参考影像。

　　第一步，提取不变点对。每个点对中第一点为需要进行正射校正的影像上的不变点，第二点为参考影像上的点。

　　使用参考影像可以手动识别成对的点，也可以自动进行识别。计算机视觉领域中出现了越来越多的算法可以很容易地检测和识别不同数字影像的相似元素。其中包括 SIFT[LOW 99]和 SURF[BAY 06]算法，它们广泛应用于许多领域，如数字摄影的自动创建全景场景（图 5.17）。

图 5.17　通过 SIFT 算法对两幅影像进行匹配的结果示例

幻想曲，城门前的梅奎内斯（Méquinez），作者：欧仁·德拉克鲁瓦（Eugène Delacroix），
1782 年。（来源：维基百科）

OTB 应用程序 HomologousPointsDetection 中实现了 SIFT 和 SURF 两种算法。无论选择哪种算法（SIFT 或 SURF），实现方法如下。

（1）从影像中提取关键点（key points）：关键点具有缩放和旋转不变性。SIFT 描述子是 128 个元素的矢量，而 SURF 描述子则为 64 个元素。

（2）关键点匹配：基于描述子之间的欧几里得距离组成最接近的描述子对，并根据两个影像的描述子匹配同名点。

（3）获得多个同名点后就可以略微修改传感器模型参数以更好地拟合参考点。这里是生成一个新传感器模型使得（2）中提取的点对均方误差最小，可以使用 OTB RefineSensorModel 应用程序执行此操作。

（4）使用新精化的传感器模型进行正射校正。

在以下示例中，将使用额外控制点对 SPOT 6 栅格传感器（ROI_3_P_Sensor_GSD2016）影像进行正射校正。使用光学影像（ROI_3_P_Ortho_IGN2015）作为参考影像。实现步骤如下：

（1）计算关键点（SIFT）以创建点对，即地面控制点（使用 HomologousPoint Extraction 应用程序）；

（2）使用成对的地面控制点通过 RefineSensorModel 应用程序完善传感器模型；

（3）使用完善后的传感器模型进行正射校正（使用 OrthoRectification 应用程序）。

在以下示例中，使用命令行界面调用应用程序。需要说明的是，下述方法也可以通过创建脚本链接步骤（1）～步骤（3）完成操作。

为了减少每个步骤的处理时间，仅处理一部分输入的 SPOT 6 栅格传感器影像。ExtractROI 应用程序用于提取部分影像以及该区域特定的传感器模型。传感器模型通过 ExtractROI 应用程序根据 dimap 元数据自动提取，并且与输出影像同名，扩展名为.geom（表 5.18）。

表 5.18　使用 ExtractROI 应用程序提取影像区域和关联的传感器模型

步骤	操作指南
1. 提取 ROI	使用 otbcli_ExtractROI 从 SPOT 6 栅格传感器影像中提取 1000 像素×1000 像素的任意区域（不考虑原点位置）。 输入影像文件扩展后添加 "？& skipcarto = true" 扩展。 输入如下命令行： ``` otbcli_ExtractROI -startx 200 -starty 200 -sizex 1000 -sizey 1000 -in "PATH/TO/IMG_SPOT6_...._1_R1C1.TIF?&skipcarto=true" -out roi.tif ```

步骤	操作指南
2. 确认生成的文件	使用文件资源管理器，确认已创建以下文件： （1）输出影像，使用 GeoTIFF 格式（.tif）； （2）与输出影像关联的传感器模型，文件扩展名为.geom。除扩展名外，此文件的名称必须与输出影像相同。 ExtractROI 应用程序应该已经从 Dimap SPOT 6 文件中提取了传感器元数据，并合并在.geom 文件中，可以简单地通过文本编辑器打开。

第二步，提取了输入影像的部分区域以及特定于该区域的传感器模型。但该操作的主要目的只是缩小影像大小以加快处理速度。如果希望对整个影像（而不仅仅是一小块区域）继续执行此步骤，则需提取特定于整个影像的传感器模型。为此可以使用 ReadImageInfo 应用程序。该应用程序具有两个必选参数，即用于输入影像的"in"参数（输入影像）和用于指定存储传感器模型输出文件（.geom）的"outkwl"参数（输出关键字列表）。

在继续更深入的操作之前，先对提取的部分影像进行正射校正（表 5.19）。

表 5.19　使用 **OrthoRectification** 应用程序对提取的影像进行正射校正

步骤	操作指南
1. 进行正射校正	使用前述介绍的方法通过 otbcli_OrthoRectification 应用程序对子集影像进行正射校正。 注意，此处不再需要在扩展文件后添加"? &skipcarto＝true"扩展，因为这在使用 ExtractROI 应用程序提取区域时已经完成。 ``` otbcli_OrthoRectification -io.in roi.tif -io.out roiOrtho.tif -map lambert93 -elev.dem <<DEM_Tiles>> -interpolator nn -opt.gridspacing 15 ```
2. 可视化	将生成的影像导入 QGIS。

第三步，如表 5.20 所示，使用 OTB 应用程序 HomologousPointsExtraction 提取同名点对（表 5.20）。

表 5.20　使用 **HomologousPointsExtraction** 应用程序提取同名点

步骤	操作指南
1. 显示帮助	执行不带参数的 otbcli_HomologousPointsExtraction 显示应用程序描述： ``` otbcli_HomologousPointsExtraction ``` 应用程序描述显示在屏幕上： ``` This is the HomologousPointsExtraction application, version 5.2.1 Compute homologous points between images using keypoints ```

续表

步骤	操作指南
1. 显示帮助	Complete documentation: http://www.orfeo-toolbox.org/Applications/HomologousPointsExtraction.html Parameters: -progress \<boolean\> Report progress MISSING -in1 \<string\> Input Image 1 (mandatory) -band1 \<int32\> Input band 1 (mandatory, default value is 1) MISSING -in2 \<string\> Input Image 2 (mandatory) -band2 \<int32\> Input band 2 (mandatory, default value is 1) -algorithm \<string\> Keypoints detection algorithm [surf/sift] (mandatory, default value is surf) -threshold \<float\> Distance threshold for matching (mandatory, default value is 0.6) -backmatching \<boolean\> Use back-matching to filter matches. (optional, off by default) -mode \<string\> Keypoints search mode [full/geobins] (mandatory, default value is full) -mode.geobins.binsize \<int32\> Size of bin (mandatory, default value is 256) -mode.geobins.binsizey \<int32\> Size of bin (y direction) (optional, off by default) -mode.geobins.binstep \<int32\> Steps between bins (mandatory, default value is 256) -mode.geobins.binstepy \<int32\> Steps between bins (y direction) (optional, off by default) -mode.geobins.margin \<int32\> Margin from image border to start/end bins (in pixels) (mandatory, default value is 10) -precision \<float\> Estimated precision of the colocalisation function (in pixels).(mandatory, default value is 0) -mfilter \<boolean\> Filter points according to geographical or sensor based colocalisation (optional, off by default) -2wgs84 \<boolean\> If enabled, points from second image will be exported in WGS84 (optional, off by default) -elev.dem \<string\> DEM directory (optional, off by default) -elev.geoid \<string\> Geoid File (optional, off by default) -elev.default \<float\> Default elevation (mandatory, default value is 0) MISSING -out \<string\> Output file with tie points (mandatory) -outvector \<string\> Output vector file with tie points (optional, off by default) -inxml \<string\> Load otb application from xml file (optional, off by default) Examples: otbcli_HomologousPointsExtraction -in1 sensor_stereo_left.tif -in2 sensor_stereo_right.tif -mode full -out homologous.txt
2. 参数说明	应用程序有许多输入参数，首先是两个输入影像参数： （1）"in1"为影像 1（需要进行几何校正的影像）; （2）"in2"为影像 2（参考影像 ROI_3_P_Ortho_IGN2015）。 对于每一个影像，有一个额外的参数定义要使用的通道（分别为"band1"和"band2"）。 参数"algorithm"用于选择两个检测不变点算法中的一个（SIFT 或 SURF）。 不管选择何种算法，以下参数是一样的。

步骤	操作指南
2. 参数说明	（1）"threshold"：从 0~1 的探测阈值，当此值接近 1 时，会创建大量的点对，接近 0 时，只会创建少量的点对。描述子空间（SIFT 或 SURF）确定了点之间的关联，阈值用于检测到最近邻描述子的距离与到第二近邻描述子距离的比率。 （2）"backmatching"：当这个布尔值为 TRUE 时，只有先根据影像 1 和影像 2 验证了规则才会创建点对，反之亦然。这会最大限度地减少错误匹配的数量。 （3）"mode" 用于选择两种处理模式： a. 在"geobins"模式下，影像将会在子区域内进行处理，"binsize"为子区域大小；"binstep"为两个子区域之间的间隔；"margin"为每个子区域的边距。 b. 在"full"模式下，将会处理整个影像。但这里不推荐处理整个影像，因为所需的内存很大。此外，在点数量较多时，创建关键点对会耗费非常长的时间。 （4）"precision"：当"mfilter"为真时，这个值代表影像 1 和影像 2 中点的最大距离（实际物理单位）。当两点之间的距离大于该值时不会生成点对。 （5）"2wgs84"：当此值为真时，坐标导出为 WGS84 坐标系。 （6）"out"：包含点的输出表格文件的文件名。 （7）"outvector"：输出矢量图层的文件名。虽然这是一个可选的参数，但是可用来显示比较生成的地面控制点。
3. 设置参数	提取同源点。这些点通常保存在一个 .csv 格式的表格文件中，矢量图层使用 .shp 文件(ESRI Shapefile 格式)。 （1）使用 SIFT 算法； （2）使用默认的子参数"geobin"模式； （3）当距离大于 30m 时不生成点对（设置"precision"为 30，"mfilter"为 1）。 在"elev.dem"中设置数字高程模型。
4. 执行	在命令行执行： ```\notbcli_HomologousPointsExtraction\n-in1 roi_sensor.tif\n-in2 PATH\TO\ROI_3_P_Ortho_IGN2015\IMG_S6P_2015032636879163CP_\nR1C 1.tif -2wgs84 1\n-mfilter 1 -precision 25 -mode geobins -out points.txt -outvector\ndeplacement_points.shp\n-elev.dem <<DEM_DIR>> -backmatching 1\n```
5. 分析	首先，在 QGIS 中导入参考影像，然后导入正射校正后的影像子集，最后，打开先前生成的矢量图层，并分析两个影像之间的偏移，可以修改渲染样式（颜色、宽度），以更好地分辨矢量图层中的点。

至此，可以继续执行步骤（2）"使用成对的地面控制点通过 Refine Sensor Model 应用程序完善传感器模型"。在此步骤中，将使用上一步生成的控制点完善传感器模型。RefineSensorModel 应用程序用于生成一个均方差最小的新传感器模型（表 5.21）。

表 5.21　使用 RefineSensorModel 应用程序精化传感器模型

步骤	操作指南
1. 显示帮助	执行不带参数的 otbcli_OrthoRectification 显示帮助文档： ```\notbcli_RefineSensorModel\n```

步骤	操作指南
1. 显示帮助	应用程序描述随后显示在屏幕上： ``` This is the RefineSensorModel application, version 5.2.1 Perform least-square fit of a sensor model to a set of tie points Complete documentation: http://www.orfeotoolbox.org/Applications/ RefineSensorModel. html Parameters: -progress <boolean> Report progress MISSING -ingeom <string> Input geom file (mandatory) MISSING -outgeom <string> Output geom file (mandatory) MISSING -inpoints <string> Input file containing tie points (mandatory) -outstat <string> Output file containing output precision statistics (optional, off by default) -outvector <string> Output vector file with residues (optional, off by default) -map <string> Output Cartographic Map Projection [utm/lambert2/lambert93/wgs/epsg] (mandatory, default value is utm) -map.utm.zone <int32> Zone number (mandatory, default value is 31) -map.utm.northhem <boolean> Northern Hemisphere (optional, off by default) -map.epsg.code <int32> EPSG Code (mandatory, default value is 4326) -elev.dem <string> DEM directory (optional, off by default) -elev.geoid <string> Geoid File (optional, off by default) -elev.default <float> Default elevation (mandatory, default value is 0) -inxml <string> Load otb application from xml file (optional, off by default) Examples: otbcli_RefineSensorModel -ingeom input.geom -outgeom output.geom -inpoints points.txt -map epsg -map.epsg.code 32631 ```
2. 设置参数	设置如下的输入参数。 （1）"ingeom"：需要完善的传感器模型（.geom）； （2）"inpoints"：包含地面控制点的文件（由 HomologousPointsExtraction 命令的"out"参数指定的输出文件）； （3）"outgeom"：应用程序创建的新传感器模型文件名（.geom）； （4）"outstats"：文件（表格），其中将记录导出点的精度统计信息。通常，对于每个地面控制点来说，包含位移（以物理单位为单位）、误差、高程等信息。
3. 执行	在命令行执行： ``` otbcli_RefineSensorModel -ingeom roi_sensor.geom -outgeom roi_ sensor_refined.geom -outstat refine_stats.csv -outvector residus_deplacement_points.shp -map lambert93 -elev.dem <<DEM_DIR>> -inpoints points.txt ```

续表

步骤	操作指南
4. 分析	在表格软件中打开"outstat"输出文件，分析地面控制点的位置误差： 将统计信息与 QGIS 中的矢量图层进行比较。 用户还可以在地面控制点文件（用于"inpoints"参数）手动删除一些具有较大全局误差（即粗差）的点，然后再次执行精化传感器处理过程。

表 5.22 描述了本节第 1）部分说明的正射校正步骤，但使用了新的传感器模型代替原来的模型。

表 5.22 使用 OrthoRectification 应用程序和改进的传感器模型进行正射校正

步骤	操作指南
1. 设置参数	在控制台中，输入与本节第 1）部分所述相同的参数，按照以下说明完成命令行的编辑。
2. 设置输入影像	设置输入影像参数，使用如下所示的扩展文件名设置新传感器模型： ``` otbcli_OrthoRectification -io.in "roi.tif?&refined_sensor.geom" -io.out roiOrtho.tif -map lambert93 -elev.dem <<DEM_Tiles>> -interpolator nn -opt.gridspacing 15 ``` 其中： （1）roi.tif 是输入影像子集； （2）refined _sensor.geom 是由 RefineSensorModel 应用程序生成的新精化的传感器模型。
3. 执行	执行命令。
4. 分析	在 QGIS 中打开输出影像，并利用参考影像对比其他生成影像物理位置的精度： （1）无 DEM 的正射校正影像； （2）使用 DEM 进行正射校正后的影像。

5.3.2.4　全色锐化

对地观测卫星通常具有全色传感器和一组较低空间分辨率的多光谱传感器。为了有效利用这两种信息源，已经发展了一些技术用于生成和全色影像空间分辨率相同的多光谱影像。这种技术称为全色锐化。

本节将解释 OTB 中实现的两种全色锐化方法：相对分量替换（relative component substitution，RCS）法和贝叶斯数据融合（Bayesian data fusion，BDF）法。

（1）RCS 法（图 5.18）：一种合并影像的简单方法，考虑与全色影像相同的分辨率，并通过多光谱影像所有通道求和获得新的全色影像。以相同的分辨率对影像进行了重采样后就可以进行融合，对全色影像通道进行低通滤波，使其具有接近多光谱影像的光谱内容（傅里叶域中），然后使用滤波后的全色影像对多光谱影像进行归一化，再与原始全色影像相乘。此方法唯一的参数是低通滤波器半径。

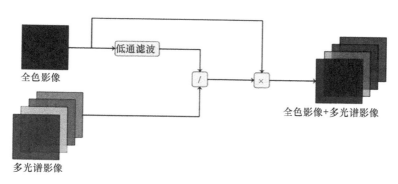

图 5.18　RCS 法
来源：使用手册（Cookbook）

（2）BDF 法：基于光谱波段和全色通道之间的统计关系。最好仅处理兴趣区而不是整个影像。这里不会深入探讨该方法的技术细节，但是有兴趣的读者可以参阅原始出版物[FAS 08]。该方法的一个特点是可以根据频谱信息对空间信息进行赋权，从而适应不同的需求。例如，影像解译更关注影像的锐度，这可以通过把更多的权重赋给全色通道包含的信息实现。注意，在[FAS 08]中，作者提出了一组分别用于城市、林业、农业和地中海环境的参数值。

在表 5.23 中，将使用 Superimpose 和 Pansharpening 应用程序处理 SPOT 6 影像（ROI_1_Bundle_Ortho_GSD2015）的多光谱通道（XS 影像）和全色通道（PAN 影像）。使用 ReadImageInfo 应用程序核查影像特性，如像素间距、光谱波段个数。

表 5.23　使用 Superimpose 和 Pansharpening 应用程序对光学影像进行全色锐化

步骤	操作指南
1. 获取影像信息	使用 ReadImageInfo 应用程序获取 XS 影像属性： ```otbcli_ReadImageInfo -in IMG_SPOT6_MS_..._1_R1C1.TIF``` 应用程序显示的信息如下。注意，长方形框内为 XS 影像的通道数、影像的大小（行数，列数）、像素间距（地图单位）。 2017 Feb 16 16:04:55 : Application.logger (INFO) Image general information: Number of bands : 4 No data flags : Not found Start index : [0,0] Size : [11056,10917] Origin : [231099,6.8955e+06] Spacing : [6,-6] Estimated ground spacing (in meters): [5.98424,6.00064] Image acquisition information: Sensor : SPOT 6 Image identification number: Image projection : PROJCS["2154 RGF93 / Lambert-93 (FR.)", GEOGCS["RGF93 (FR.) [4171]", DATUM["unknown", SPHEROID["GRS 1980",6378137,298.2572221010002, AUTHORITY["EPSG","7019"]]], PRIMEM["Greenwich",0], UNIT[,0.0174532925199433]], PROJECTION["Lambert_Conformal_Conic_2SP"], PARAMETER["standard_parallel_1",44], PARAMETER["standard_parallel_2",49], PARAMETER["latitude_of_origin",46.5], PARAMETER["central_meridian",3], PARAMETER["false_easting",700000], PARAMETER["false_northing",6600000], UNIT["metre",1, AUTHORITY["EPSG","9001"]]] Acquisition time : 2015-04-22T10:54:00 对 PAN 影像重复上述操作，比较影像的大小和分辨率（PAN 影像的分辨率应该是 XS 影像的四倍且只有一个通道，而 XS 影像有四个通道）。
2. 提取 ROI	为了加快全色锐化操作，只处理输入影像的子集。 使用 ExtractROI 应用程序提取 PAN 影像子集： ```otbcli_ExtractROI -in IMG_SPOT6_P_..._1_R1C1.TIF -sizex 1000 -sizey 1000 -out pan_roi.tif```
3. 重采样 XS 影像	在此步骤中，根据先前创建的 PAN 影像 ROI 的范围和像素间距对 XS 影像进行重采样。 无论采用哪种方法，这一步都是进行全色锐化的先决条件。实际上，Pansharpening 应用程序不包含 XS 影像插值，因为它是一个独立的处理过程。 选择半径为两个像素的双三次插值法对 XS 影像进行插值，以四倍大的 PAN 影像为参考，以避免出现伪影。 选择如下参数。 （1）"Reference input"：设置 PAN 影像 ROI 的路径（在第 2 步中已完成提取）； （2）"Image to reproject"：设置需要重采样的 XS 影像路径； （3）"interpolation"：选择半径为两个像素的双三次插值法。 将其他参数保留为默认值。影像已经进行过正射校正，因此无须大地水准面或数字高程模型。 验证和进行基于 PAN 影像 ROI 的 XS 影像重采样： ```otbcli_Superimpose -inm IMG_SPOT6_MS_..._1_R1C1.TIF -inr pan_roi.tif -out ms_roi_resamp.tif```

续表

步骤	操作指南

4. 执行 RCS	（1）使用 Pansharpening 命令行应用程序。
	（2）指定影像的路径。
	（3）XS 影像：设置为上一步在 PAN 影像 ROI 上进行了重采样的 XS 影像文件名。
	（4）PAN Image：设置 PAN 影像 ROI 的文件名。
	（5）将"method"参数设置为"rcs"。
	（6）为输出影像指定文件名并执行算法：
	
	`otbcli_Pansharpening -inp pan_roi.tif`
	`-inxs ms_roi_resamp.tif -out pansharp_rcs.tif -method rcs`

5. 执行 BDS	重复上一步，但是将参数"method"更改为"bayes"：
	
	`otbcli_Pansharpening -inp pan_roi.tif`
	`-inxs ms_roi_resamp.tif -out pansharp_rcs.tif -method rcs`

6. 分析	将 PAN 和 XS 影像导入 QGIS。 将根据 RCS 法和 BDS 法生成的影像导入 QGIS 中并进行目视比较。

5.3.2.5　影像镶嵌

与需要覆盖的大片区域相比，卫星遥感覆盖区域通常较小，因此，需要对卫星影像进行镶嵌，将大量小范围影像镶嵌成一幅大的影像。Mosaic 应用程序可以满足这一需求。可选的矢量数据可用来选择输入影像边界。与大多数涉及影像重采样的 OTB 应用程序类似，可以选择不同的插值法（双三次插值法、线性插值法或最近邻插值法）。

另外，相邻影像之间因土地利用、地面照度、大气条件和传感器不同存在色度差异。因此，Mosaic 应用程序还包括匀色方法，可以将影像边缘重叠部分的像素差异最小化（图 5.19）。这个差异可以在影像的原始辐射色彩空间或者与自然场景中人类视觉适应的去相关色彩空间中计算[CRE 15]。

(a) 匀色前的自然色镶嵌结果（132 个 RapidEye 场景，5m 空间分辨率）

(b) 匀色后的自然色镶嵌结果

图 5.19　匀色前与匀色后的自然色镶嵌结果

该图的彩色版本参见 www.iste.co.uk/baghdadi/qgis1.zip，2020.7.27

在表 5.24 中，将使用 3 幅 SPOT 6 影像（ROI_2_XS_Ortho_GSD2016、ROI_3_XS_Ortho_GSD2015 和 ROI_4_XS_Ortho_GSD2017）生成镶嵌影像。

表 5.24　使用 Mosaic 应用程序镶嵌影像

步骤	操作指南

1. 显示帮助	执行不带参数的 otbcli_Mosaic 以显示帮助：
	
	``
	otbcli_Mosaic
	``
	
	应用程序描述显示在屏幕上：
	
	``
	This is the Mosaic application, version 5.2.1
	Perform mosaicking of input images
	
	Complete documentation: http://www.orfeotoolbox.org/Applications/
	Mosaic.html
	
	Parameters:
	        -progress <boolean>
	Report progress
	MISSING -il <string list> Input
	Images (mandatory)
	        -vdcut <string list> Input
	VectorDatas for composition (optional, off by default)
	        -vdstats <string list> Input
	VectorDatas for statistics (optional, off by default)
	        -comp.feather <string> Feathering
	method [none/large/slim] (mandatory, default value is none)
	        -comp.feather.slim.exponent <float> Transition
	smoothness (Unitary exponent = linear transition) (optional, on
	by default, default value is 1)
	        -comp.feather.slim.lenght <float> Transition
	length (In cartographic units) (optional, off by default)
	        -harmo.method <string> harmonization
	method [none/band/rgb] (mandatory, default value is none)
	        -harmo.cost <string>
	harmonization cost function [rmse/musig/mu] (mandatory, default
	value is rmse)
	MISSING -out <string> [pixel]
	Output image
	[pixel=uint8/uint16/int16/uint32/int32/float/double] (default
	value is float) (mandatory)
	        -interpolator <string>
	Interpolation [nn/bco/linear] (optional, off by default,
	default value is nn)
	        -interpolator.bco.radius <int32> Radius for
	bicubic interpolation (mandatory, default value is 2)
	        -output.spacing <float> Pixel
	Size (optional, off by default)
	        -tmpdir <string> Directory
	where to write temporary files (optional, off by default)
	        -distancemap.sr <float> Distance
	map images sampling ratio (mandatory, default value is 10)
	        -ram <int32> Available
	RAM (Mb) (optional, off by default, default value is 128)
	        -inxml <string> Load otb
	application from xml file (optional, off by default)
	``

步骤	操作指南
2. 创建镶嵌影像	使用"-il"参数选择输入影像。保留其他默认参数，设置输出影像的文件名，然后运行命令行： ```otbcli_Mosaic-il PATH/TO/ROI_2…/IMG_SPOT6_…_1_R1C1.TIF /PATH/TO/ROI_3…/IMG_SPOT6_…_1_R1C1.TIF /PATH/TO/ROI_4…/IMG_SPOT6_…_1_R1C1.TIF -out mosaic.tif``` 将生成的镶嵌结果导入 QGIS 并可视化。
3. 创建匀色的自然色彩镶嵌影像	使用"-il"参数选择输入影像。将参数"-harmo.method"设置为"rgb"以生成匀色的自然色彩镶嵌。保留其他默认设置，设置输出影像的文件名，然后运行命令行： ```otbcli_Mosaic-il PATH/TO/ROI_2…/IMG_SPOT6_…_1_R1C1.TIF /PATH/TO/ROI_3…/IMG_SPOT6_…_1_R1C1.TIF /PATH/TO/ROI_4…/IMG_SPOT6_…_1_R1C1.TIF -harmo.method rgb -out mosaic_harmo_rgb.tif``` 将生成的镶嵌导入 QGIS 并可视化。然后，与先前生成的镶嵌进行比较。

5.3.3　特征提取应用程序

本节阐述用于提取各种指数的 OTB 应用程序，这些指数通常从卫星影像获得，应用于各种主题。

5.3.3.1　辐射指数

辐射指数是多个描述生物物理特征的光谱波段组合。通常情况下，它们是一个基于地面目标辐射传递函数的经验函数。例如，NDVI 反映这样一个事实，植被吸收可见红光辐射要多于近红外光辐射（因此，在有植被的情况下，卫星遥感仅能在可见光的红色波段区域检测到更高的近红外光强）。植被指数用得最为广泛，但也有用于探测水、城市、积雪等的指数。本节中，将阐述利用 Radiometric Indices 应用程序计算辐射指数的方法。

植被指数使用红色光（R）和近红外（NIR）通道计算（表 5.25）。

表 5.25　植被指数

首字母缩写	名称	细节
NDVI	归一化植被指数	值范围为[-1,1]；对大气噪声敏感
TNDVI	转换的归一化植被指数	恒为正值
RVI	植被指数比率	对土壤和大气噪声敏感

续表

首字母缩写	名称	细节
SAVI	土壤修正植被指数	值范围为[-1,1]，可最大程度上减少土壤的影响。对于植被茂密的地区，校正因子（L）为 0，对于植被稀疏的地区，校正因子（L）等于 1（一般情况下 $L=0.5$）
TSAVI	转换的土壤修正植被指数	值范围[-1,1]，校正因子（a 和 s）分别是拟合了（NIR，R）点云的线性函数的斜率和 y 轴数据。
GEMI	全球环境监测指数	参考文献[PIN 92]
IPVI	百分比红外植被指数	值范围为[0,1]；对大气噪声敏感

水指数见表 5.26。

表 5.26 水指数

首字母缩写	名称	细节
NDWI	归一化水指数	基于 NIR 通道和中红外（MIR）通道[GAO 96]
NDWI2	归一化水指数 2	基于 NIR 和绿色（G）通道
MNDWI	修正归一化水指数	基于 MIR 和 G 通道
NDPI	归一化水塘指数	基于 MIR 和 G 通道
NDTI	归一化浊度指数	基于 R 和 G 通道

土壤指数见表 5.27。

表 5.27 土壤指数

首字母缩写	名称	细节
RI	红色程度指数	基于 R 和 G 通道
CI	颜色指数	基于 R 和 G 通道
BI	亮度指数	基于 R 和 G 通道
BI2	亮度指数 2	基于 NIR、R 和 G 通道

在表 5.28 中，使用 MNDWI 水指数反映了 SPOT 5 影像（SPOT5_503125411103241118302J0）的水体情况。

表 5.28 使用 Radiometric Indices 应用程序计算辐射指数

步骤	操作指南
1. 启动应用 程序	在图形界面模式下启动 Radiometric Indices 应用程序：
2. 设置通道 指数	输入 SPOT 5 影像光谱波段的指数：
3. 选择辐射 指数	应用程序可以同时计算不同的指数（可用的辐射指数）。 每个选择的指数都对应输出影像的一个通道，因此通道个数应等于选择的指数个数。 本次仅选择 MNDWI 指数。 注意，因为只会用到 G 和 MIR 通道计算 MNDWI，所以可以仅指定这些光谱波段对应的指数。
4. 选择输出 影像	编辑 Output Image（输出影像）参数。
5. 执行	单击 Execute（执行）开始处理。
6. 分析	在 QGIS 中导入原始 SPOT 5 影像和 MNDWI 影像。 可以使用 Value Tool（值工具）扩展程序分析含水区的 MNDWI 值。 找到含水区对应的 MNDWI 值范围。

步骤	操作指南
7. 处理 MNDWI 指数 并创建地图	使用 BandMath 应用程序设置 MNDWI 阈值。 这一步的目的是绘制一张地图,其中水体像素值为 "1",其他像素值为 0。 使用 "uint8" 输出像素类型,以减小输出文件大小(只需编码两个值)。 设置表达式为:"im1b1>0.5? 1:0",对输入影像设置二值化阈值(如果输入影像像素大于 0.5,输出像素为 1,反之为 0)。 执行命令行开始处理: <pre>otbcli_BandMath -il mndwi.tif -exp "im1b1>0.5?1:0" -out water.tif uint8</pre>
8. 检查结果	将生成的二值影像导入 QGIS,并叠加其他图层(原始影像和 MNDWI 影像)。直观地评估含水区的地图质量。

5.3.3.2 纹理指数

纹理是对表面密度变化的度量,可以量化影像粗糙度或规则度等的属性。本节简要说明可使用 OTB 应用程序计算的两组纹理属性:Haralick 和 SFS[HUA 07]。

Haralick 特征需要在灰度影像上计算。该特征的计算基于灰度共生矩阵(gray level co-occurrence matrix,GLCM)。GLCM 的每个元素是一张表格,给出了像素灰度值的不同组合在影像指定方向上出现的频率。实践中,可以量化像素值以减小矩阵的大小。根据 GLCM 可以计算能量、熵、相关性等纹理特征。使用 HaralickTextureExtraction 应用程序可以计算这些特征,并且生成的输出影像的每个通道对应一个纹理属性。要计算相关的 Haralick 纹理特征,需要设置以下应用程序参数。

(1)量化参数(影像最小值 "min",影像最大值 "max" 和间隔数 "nbbin"):GLCM 在量化影像上进行计算,量化方式必须符合像素值的分布。

(2)中心像素邻域大小 "xrad" 和 "yrad":它会影响用于计算特征集的像素数量。

(3)方向(或者说偏移 "xoff" 和 "yoff"):Haralick 特征按一个方向进行计算(图 5.20)。需要注意的是,当纹理为各向同性时,此参数不会影响特征集。

(4)Haralick 特征类:HaralickTextureExtraction 程序可以计算如下三类特征(感兴趣的读者可以参考原始出版物,了解所有 Haralick 特征的完整描述[HAR 73])。

a. "simple" 是 8 个局部 Haralick 特征的集合,包括能量(纹理均匀性)、熵(影像亮度随机性度量)、相关性(像素与附近像素的相关程度)、逆差矩(纹理均匀性度量)、惯性(像素与其邻域的亮度对比)、聚类阴影、聚类突出度、Haralick 相关性;

b. "advanced" 是 10 个高级 Haralick 特征的集合,包括均值、方差(度量纹理异质性)、差值、总和均值、总方差、总熵、熵差、方差差值、IC1、IC2;

c. "higher" 是 11 个较高级 Haralick 特征的集合,包括短期强调(测量纹理

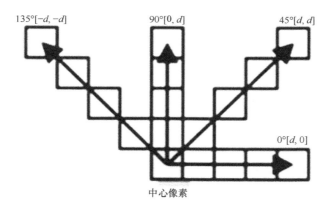

图 5.20 计算方向（偏移参数）

清晰度）、长期强调（测量纹理粗糙度）、灰度不均匀性、运行长度不均匀性、运行百分比（衡量纹理清晰度均匀性）、低灰度等级强调、高灰度等级强调、短期低灰度等级强调、短期高灰度等级强调、长期低灰度等级强调和长期高灰度等级强调。

　　SFS 以影像不同方向像素的直方图为基础，使用 SFSTextureExtraction 应用程序可以计算 6 个特征：长度、宽度、形状指数、w 均值、比率和标准偏差。纹理指数根据像素的邻域计算。可以减小计算线的长度（"空间阈值"），也可以改变线像素和邻域中心像素之间的最大差异（"光谱阈值"）。

　　表 5.29 中，使用全色 SPOT 6 影像（ROI_1_Bundle_Ortho_GSD2015 的全色影像）提取 Haralick 特征。

表 5.29　使用 HaralickTextureExtraction 应用程序计算纹理指数

步骤	操作指南

1. 显示帮助	执行不带参数的 otbcli_HaralickTextureExtraction 以显示应用程序描述。输入以下命令行：
	
	```otbcli_HaralickTextureExtraction```
	
	应用程序描述显示在屏幕上：
	
	```This is the HaralickTextureExtraction application, version 5.2.1\nComputes textures on every pixel of the input image selected channel\nComplete documentation: http://www.orfeo-toolbox.org/Applications/HaralickTextureExtraction.html Parameters:\n -progress <boolean>Report progress\nMISSING -in <string> Input Image (mandatory)\n -channel <int32> Selected Channel (mandatory, default value is 1)\n -ram <int32> Available RAM (Mb) (optional, off by default, default value is 128)\n -parameters.xrad <int32> X Radius (mandatory, default value is 2)\n -parameters.yrad <int32> Y Radius (mandatory, default value is 2)```

步骤	操作指南
1. 显示帮助	```-parameters.xoff <int32> X Offset (mandatory, default value is 1) -parameters.yoff <int32> Y Offset (mandatory, default value is 1) -parameters.min <float> Image Minimum (mandatory, default value is 0) -parameters.max <float> Image Maximum (mandatory, default value is 255) -parameters.nbbin <int32> Histogram number of bin (mandatory, default value is 8) -texture <string> Texture Set Selection [simple/advanced/higher] (mandatory, default value is simple) -out <string> [pixel] Output Image [pixel=uint8/uint16/int16/uint32/int32/float/double] (default value is float) (optional, on by default) -inxml <string> Load otb application from xml file (optional, off by default) Examples: otbcli_HaralickTextureExtraction -in qb_RoadExtract.tif channel 2 -parameters.xrad 3 -parameters.yrad 3 -texture simple -out HaralickTextures.tif```
2. 设置量化参数	如前所述，Haralick 纹理特征根据 GLCM 计算。该矩阵表示某个像素值出现的次数。但影像像素值通常是编码为 16 位或 32 位的整数，甚至有时是浮点数（如辐射指数、辐射率等）。因此，需要将这些值量化为具有有限大小的矩阵。 量化参数如下所示。 （1）"parameters.min"：下限； （2）"parameters.max"：上限； （3）"parameters.nbbin"：量化间隔数。 为了更好地理解如何设置这些参数，请执行下一步。
3. 分析像素值分布	导入要在 QGIS 中进行分析的全色影像，右键单击影像图层，选择 Properties（属性），然后转到 histogram（直方图）选项卡，查找影像像素值的直方图： 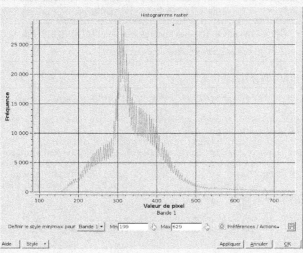

续表

步骤	操作指南
3. 分析像素值分布	选择用于量化输入影像像素值的下限值和上限值计算 GLCM。这些值的选择必须反映影像值的分布。在上面的直方图，可以发现大多数像素值在[200，500]范围内[也可以通过 Style（样式）选项卡中的影像颜色动态图估计]。因此，将"parameter.min"值设置为 200，"parameter.max"值设置为 500，"parameter.nbbin"保留默认值。
4. 选择其他参数	输入其余参数。 （1）输入影像（in）：指定全色影像的路径； （2）输出影像：输出影像的路径； （3）"channel"（通道）：用于计算纹理的通道，保留默认值（第一个通道，全色影像为单通道影像）； （4）将"step"参数保留为默认值（1），以便计算每个像素的指数； （5）邻域设置保留默认值； （6）选择任意一个纹理方向（parameters.xoff 和 parameters.yoff）； （7）选择"texture"参数指定要计算的 Haralick 指数类别，此处设置纹理特征集为"simple"，仅计算第一类指数。
5. 执行应用程序	执行应用程序。 更改纹理方向（parameters.xoff 和 parameters.yoff）计算另一组纹理特征： （1）O 方向（与 E 相同）； （2）N 方向（与 S 相同）。
6. 分析	将之前创建的纹理特征影像导入 QGIS。目视评估周期性(如葡萄园)和直线(如铸件)结构的 Haralick 特征[使用相同的图层样式进行目视比较。可以使用 copy style（复制样式）功能]。 分析相关指数（像素与其邻域之间的相关程度）。

  图 5.21 展示了使用 SPOT 6 全色影像沿北和东两个方向，距离为 1 个像素，邻域半径为 2 个像素计算的 Haralick 特征"惯性"。葡萄园地区的两个计算特征(北向/东向)差异表明，在垂直于葡萄园行方向（图 5.21 中水平行）的纵向，纹理对比度更高。

(a) 全色 SPOT 6 影像 (b) 沿北向计算的"惯性"特征 (c) 沿东向计算的"惯性"特征

图 5.21 全色 SPOT 6 影像、沿北向计算的"惯性"特征和沿东向计算的"惯性"特征

5.3.4 用于机器学习的应用程序

将卫星影像用于地图制图通常涉及像素值到专题信息的转换，如与土地覆盖有关的信息。这种操作就是分类，主要通过两种方法实现。

（1）无监督分类：根据一些用户定义的同源准则将输入影像划分为几个类别，然后可以将每个类别与主题关联（最流行的无监督分类算法是 K-Means 算法）。

（2）监督分类：使用训练样本（一组与主题类标签关联的数字样本），算法将从中学习关联像素与主题类的决策规则（也称为分类模型），然后将其应用于所有影像。现有的几种监督分类算法包括支持向量机（ support vector machine，SVM）、随机森林（ random forests，RF）、人工神经网络（ artificial neural networks，ANN）等。

本节将重点关注监督像素分类，使用像素值（标量或矢量）作为决策规则的输入。此方法在 OTB 中分成以下几个步骤。

（1）选择训练样本和计算样本值；

（2）训练模型（在这一步中，通过训练样本学习获得决策规则）；

（3）分类：可选的后处理操作（分类图正则化，合并多个分类图或一个分类中的多个类）；

（4）根据验证样本评估分类质量；

（5）生成彩色分类图，其中每种颜色对应一个类。

样本选择是 OTB 系列应用程序提供的功能，可以精化整个处理。但是，这里为简单起见，仅说明 TrainImagesClassifier 的用法，链接了上述的前两个步骤[（1）选择训练样本和计算样本值；（2）训练模型]。后续步骤将各自使用对应的应用程序执行。

总之，将使用以下应用程序。

（1）TrainImagesClassifier：用于选择训练样本和训练分类模型；

（2）ImageClassifier：将训练后的模型应用于整幅影像；

（3）ComputeConfusionMatrix：计算分类链的整体性能；

（4）ColorMapping：生成彩色分类图。

输入数据是 2011 年采集的 9 幅 Landsat-8 时间序列影像和描述分类信息的多边形矢量数据集。

每幅影像的数据均由 7 个光谱波段组成（表 5.30）。

表 5.30　Landsat-8 影像光谱波段

光谱波段	波长/μm	分辨率/m
波段 1 – Adrosols	0.433～0.453	30
波段 2 – Blue	0.450～0.515	30
波段 3 – Green	0.525～0.600	30
波段 4 – Red	0.630～0.680	30
波段 5 – Near infrared	0.845～0.885	30
波段 6 – Short wavelength infrared	1.560～1.660	30
波段 7 – Short wavelength infrared	2.100～2.300	30

　　这些波段已经级联为一幅多光谱影像,即每个像素都是具有 63 个分量的矢量(7 幅影像,每幅影像包含 9 个光谱波段)。

　　训练数据包含一个矢量文件,囊括了整个区域内 11 个类对应的多边形(表 5.31,图 5.22)。

表 5.31　训练数据

代码	名称	多边形数目
11	夏季农作物	7898
12	冬季农作物	8171
31	落叶林	867
32	常绿森林	125
34	草	45
36	树木高地	386
41	建筑	4719
51	水	1280
211	草地	5647
221	果园	204
22	葡萄园	559

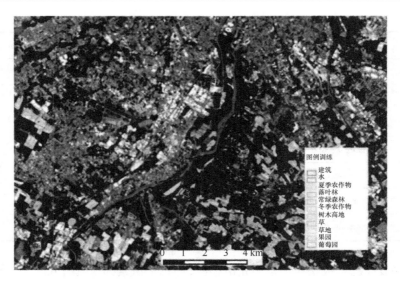

图 5.22　训练样本可视化（每个点对应一个在训练多边形内选择的像素）

该图的彩色版本（英文）参见 www.iste.co.uk/baghdadi/qgis1.zip，2020.7.27

根据矢量文件训练分类模型（表 5.32）。

表 5.32　使用 TrainImagesClassifier 应用程序对 Landsat-8 影像进行训练

步骤	操作指南
1. 打开应用程序	在图形用户界面中启动 OTB 应用程序 TrainImagesClassifier（或者运行 otbgui_TrainImagesClassifier）： 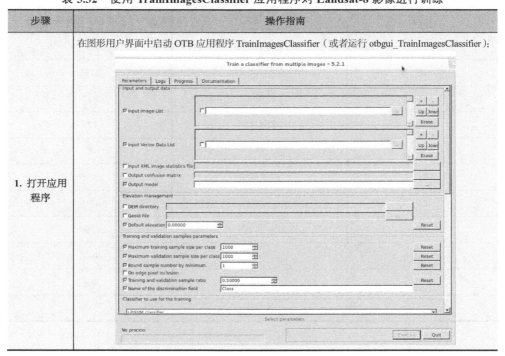

续表

步骤	操作指南
2. 选择输入影像	使用文件选择器，在 Input Image List（输入影像列表）中选择级联后的影像。
3. 选择包含训练多边形的矢量文件	使用文件选择器，在 Input Vector Data List（输入矢量数据列表）中选择包含参考多边形的文件 training.shp。
4. 在包含训练多边形的矢量文件中选择包含类标识符的字段	在 Name of the discrimination field（分类字段名称）中，输入 "CODE" 值，它是矢量文件中与类标识符对应的字段名称。
5. 选择算法	Orfeo 工具箱提供了许多用于监督分类的机器学习算法。在此示例中，将使用 Random Forest（随机森林）算法。它位于 Classifier to use for the training（用于训练的分类器）下拉菜单中。
6. 选择输出影像	编辑 Output model（输出模型）选择输出路径。
7. 执行	单击 Execute（执行）执行处理过程。
8. 分析结果	该应用程序的结果是一个以文本格式保存的训练模型。格式特定于训练算法且不能用于分析。

下面将使用 ImageClassifier 应用程序对整幅影像进行分类，并分析模型的性能（表 5.33）。

表 5.33　使用 ImageClassifier 应用程序对 Landsat-8 影像进行分类

步骤	操作指南
1. 打开应用程序	在图形用户界面模式中启动 ImageClassifier 应用程序（或执行 otbgui_ImageClassifier 命令行）：

续表

步骤	操作指南
2. 选择输入影像，然后选择分类模型	使用文件选择器，在 Input Image（输入影像）中选择级联后的 Landsat-8 影像。在 Model File（模型文件）字段中选择模型文件。
3. 设置输出影像	编辑 Output Image（输出影像），设置输出影像的路径。
4. 执行	单击 Execute（执行）执行处理。
5. 分析结果	在 QGIS 中打开输出影像。可以看到每个像素值对应一个类的属性。为了更好地可视化结果，可以修改 QGIS 中的影像渲染，用不同的颜色区分每个可能的类标签。

现在可以将此分类模型应用于其他影像。这里将其应用于整幅 Landsat-8 时间序列影像（图 5.23）。

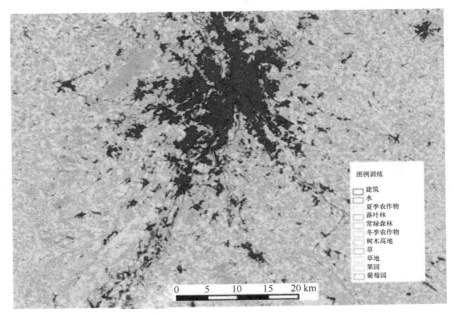

图 5.23　整幅 Landsat-8 时间序列的监督像素分类结果

该图的彩色版本（英文）参见 www.iste.co.uk/baghdadi/qgis1.zip，2020.7.27

之后，可以使用 ComputeConfusionMatrix 应用程序评估分类图的全局性能（表 5.34）。关于训练步骤中的性能评估，应用程序支持：

（1）考虑所有真实地况中可用的像素；

（2）评估已进一步处理（如正则化处理步骤）的分类图的性能。

表 5.34　使用 ComputeConfusionMatrix 应用程序计算分类性能

步骤	操作指南
1. 打开应用程序	在图形用户界面模式下启动 OTB 应用程序 ComputeConfusionMatrix（运行 otbgui_ComputeConfusionMatrix 命令）：
2. 选择输入影像	使用文件选择器，在 Input Image（输入影像）中选择上一步生成的分类图。
3. 选择包含混淆矩阵的文件	使用文件选择器，选择扩展名为.txt 的输出文件。
4. 选择参考格式	在下拉菜单中，选择矢量文件格式：Ground truth as vector data file（使用地面真值作为矢量数据文件）。
5. 选择参考文件	在 Input reference Vector Data（输入参考矢量数据）中，选择 testing.shp 文件。
6. 定义包含类别信息的矢量文件字段	在 Field Name（字段名称）中选择 "CODE"，这是包含类 id 的矢量文件 testing.shp 的字段名。
7. 执行	单击 Execute（执行）执行处理。
8. 分析结果	分析应用程序的输出，Kappa 系数的值为 0.8。

　　如果没有可用的验证样本，可以使用 TrainImagesClassifier 应用程序根据训练集计算 Kappa 系数，但可能会得出不切实际的或过度估计的模型性能评估结果。

　　ImageClassifier 的输出是每个像素与一个类标签关联后的影像。为了可视化该影像，可以使用 ColorMapping 应用程序将 RGB 颜色与每个标签关联，从而生成彩色影像进行可视化。下面使用 ColorMapping 应用程序的自定义模式，通过定义文本格式的颜色表生成彩色影像（表 5.35 ）。

表 5.35　使用 ColorMapping 应用程序生成可视化影像

步骤	说明
1. 打开应用程序	在图形用户界面模式下启动 ColorMapping 应用程序：
2. 选择输入影像	使用文件选择器，在 Input Image（输入影像）中选择上一步生成的分类图。
3. 选择输出影像	使用文件选择器，在 Output Image（输出影像）中选择带有 .tif 扩展名的文件。
4. 选择模式	在 Color mapping method(彩色制图方法)下拉菜单中，选择 Color mapping with custom labeled look-up table（根据用户定义查询表进行彩色制图）。
5. 选择包含颜色表的文件	在 Look-up table file（查询表文件）参数中，选择 color_map.txt 文件。
6. 运行	单击 Execute（执行），执行处理。
7. 分析结果	分析应用程序输出结果。

5.4 结论

过去的十多年中，OTB 有了长足的发展。从最初专用于高空间分辨率影像（尤其是 Pleiades 卫星）的 C++开发库，到现在被誉为遥感影像处理的"瑞士军刀"；从终端用户图形工具（Monteverdi、QGIS 处理）、批处理（命令行、python 脚本）到高性能计算基础设施，OTB 迅速扩大了在教育、科学研究等大规模处理领域的应用链。集成如此大量的功能，一方面是因为持续的应用需求，另一方面是因为资源受到限制，这也促使流机制或大规模分割方法等解决方案的形成。OTB 另外的强大的特点是其方法的通用性：除了与辐射和几何校正有关的功能，在 OTB 中开发的算法几乎都不是只适用于特定的传感器或任务。此外，要特别关注的是方法的功能划分，可以最大限度地发挥将不同算法组合在一起进行计算的潜力。因此，OTB 可以看作是大量可以根据需要进行组合形成处理链的模块。基于庞大的用户群体和稳健的管理机构，OTB 是当前大规模卫星数据链处理的关键组件，如用于生成洲际土壤利用图[①]的 iota-2 或用于持续生成法国地区[②]Sentinel-2 2A 级产品的 MAJA。

5.5 致谢

这项工作得到了 GEOSUD 的公共资金支持，它是一个由法国国家科研署主管的 Investissement d'Avenir 计划中的一个项目（ANR-10-EQPX-20）。作者还要感谢 OTB 团队所做出的杰出贡献。

5.6 参考文献

[BAY 06] BAY H., TUYTELAARS T., VAN GOOL L., "SURF: Speeded Up Robust Features", in LEONARDIS A., BISCHOF H., PINZ A. (eds), Computer Vision–ECCV 2006, Springer, Berlin, 2006.

[CRE 15] CRESSON R., SAINT-GEOURS N., "Natural color satellite image mosaicking using quadratic programming in decorrelated color space", IEEE Journal of Selected Topics in Applied Earth Observations and Remote Sensing, vol. 8, no. 8, pp. 4151-4162, 2015.

[CRE 16] CRESSON R., HAUTREUX G., "A generic framework for the development of geospatial

---

① http://osr-cesbio.ups-tlse.fr/~oso/ui-ol/S2_2016/layer.html，2020.7.27。

② www.theia-land.fr，2020.7.27。

processing pipelines on clusters", IEEE Geoscience and Remote Sensing Letters, vol. 13, no. 11, 1706-1710, 2016.

[FAS 08] FASBENDER D., RADOUX J., BOGAERT P., "Bayesian data fusion for adaptable image pansharpening", IEEE Transactions on Geoscience and Remote Sensing, vol. 46, no. 6, pp. 1847-1857, 2008.

[GAO 96] GAO B.C., "NDWI-A normalized difference water index for remote sensing of vegetation liquid water from space", Remote Sensing of Environment, vol. 58, no. 3, pp. 257-266, 1996.

[HAR 73] HARALICK R.M., SHANMUGAM K., "Textural features for image classification", IEEE Transactions on Systems, Man, and Cybernetics, vol. 3, no. 6, pp. 610-621, 1973.

[HUA 07] HUANG X., ZHANG L., LI P., "Classification and extraction of spatial features in urban areas using high-resolution multispectral imagery", IEEE Geoscience and Remote Sensing Letters, vol. 4, no. 2, pp. 260-264, 2007.

[IBE 16] IBEZ L., KING B., "ITK", available at: http://www.aosabook.org/en/itk.html, 2016.

[LAG 17] LAGRANGE A., FAUVEL M., GRIZONNET M., "Large-scale feature selection with Gaussian mixture models for the classification of high dimensional remote sensing images", IEEE Transactions on Computational Imaging, vol. 3, no. 2, pp. 230-242, 2017.

[LOW 99] LOWE D.G., "Object recognition from local scale-invariant features." Proceedings of the 7th IEEE International Conference on Computer Vision, vol. 2, pp. 1150-1157, 1999.

[MIC 15] MICHEL J., FACCIOLO G., Ice: lightweight, efficient rendering for remote sensing images, Geomatics Workbooks no. 12——FOSS4G Europe Como, 2015.

[OSE 16] OSE K., DEMAGISTRI L., CORPETTI T., "Multispectral Satellite Image Processing", in BAGHDADI N., ZRIBI M. (eds), Optical Remote Sensing of Land Surface: Techniques and Methods, ISTE Press, London and Elsevier, Oxford, 2016.

[OTB 17a] OTB TEAM, otb-users, available at: https://groups.google.com/forum/#!forum/otb-users, 2017.

[OTB 17b] OTB TEAM, OTB BLOG, available at: https://www.orfeo-toolbox.org/blog/, 2017.

[OTB 17c] OTB TEAM, Cookbook, available at: https://www.orfeo-toolbox.org/CookBook/, 2017.

[OTB 17d] OTB TEAM, "Remote modules and external projects", available at: https://www.orfeo-toolbox. org/external-projects/, 2017.

[OTB 17e] OTB TEAM, "Download", available at: https://www.orfeo-toolbox.org/download/, 2017.

[PER 90] PERONA P., MALIK J., "Scale-space and edge detection using anisotropic diffusion", IEEE Transactions on pattern analysis and machine intelligence, vol. 12, no. 7, pp. 629- 639, 1990.

[PIN 92] PINTY B., VERSTRAETE M.M., "GEMI: a non-linear index to monitor global vegetation from satellites", Plant Ecology, vol. 101, no. 1, pp. 15-20, 1992.

[YOO 02] YOO T.S., ACKERMAN M.J., LORENSEN W.E., et al. "Engineering and Algorithm Design for an Image Processing API: A Technical Report on ITK-the Insight Toolkit", in WESTWOOD J. (ed.), Proceedings of Medicine Meets Virtual Reality, IOS Press, Amsterdam, 2002.

6

使用 LizMap 在线发布土地覆盖图

Jean-Baptiste Laurent，Louise Leroux

6.1 概述

网络制图是一个在线创建、设计和发布地图的过程。现在，它不仅被公共机构、非政府组织和工业界作为提升地理数据库商业价值的工具广泛使用，也被研究团体作为传播和交流研究成果的工具广泛使用。

开源解决方案的不断发展，为越来越多的公众提供了接触地理信息科学的机会，也为网络制图的大众化做出了贡献。尤其是通过可视化界面快速生成可用的特定范围的地理信息，网络制图现在已经成为支持土地利用管理和规划决策的研讨工具。如今，网络制图的例子很多(最广为人知的有 Google Map 或 Open Street Map)，在许多领域得到广泛应用，如食品危机管理（早期预警系统 FEWSNET[①]）、森林监测（如全球森林观测项目[②]）、洪水监测（如法国洪峰预警机构 Vigi Crue 的 Vigi Crue[③]系统）和冲突区域监测（如全球冲突跟踪[④]）等领域。

本章将介绍使用 LizMap 解决方案在线发布地图的工作流程，以义楼（Yilou）地区[位于布基纳法索（Burkina Faso）]的土地覆盖图[LER 18]作为案例进行研究。LizMap 是一个免费的开源应用程序，集成了 QGIS 插件，支持用户快速进行在线地图发布。

本章所有的交互式地图都可以从 www.e-watch.pro/formation-lizmap,2020.7.29 下载。

---

① https://earlywarning.usgs.gov/fews，2020.7.29。

② http://www.globalforestwatch.org，2020.7.29。

③ http://www.gdacs.org/flooddetection/，2020.7.29。

④ http://www.cfr.org/global/global-conflict-tracker/，2020.7.29。

6.2　使用 LizMap 在线发布地图的工作流程

本章展示了一个通用的使用 LizMap 应用程序在线发布地图的工作流程。图 6.1 展示了该通用流程的四个主要阶段：

（1）创建和配置用于 Web 的 QGIS 项目；

（2）安装 LizMap 插件并为 LizMap 配置 QGIS 项目；

（3）发布地图；

（4）在线查看地图。

本章提出的工作流程可在线发布任何类型的栅格或矢量数据。

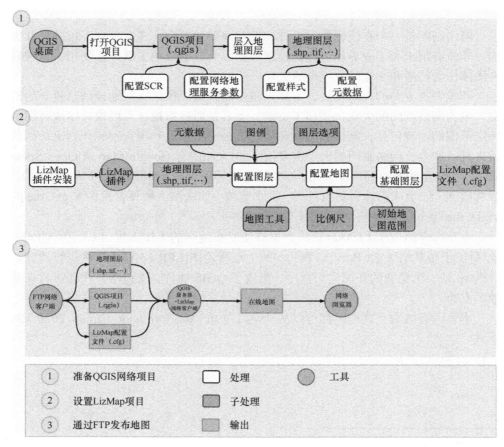

图 6.1　使用 LizMap 在线发布土地覆盖图的工作流程

该图的彩色版本（英文）参见 www.iste.co.uk/baghdadi/qgis1.zip，2020.7.29

6.2.1 LizMap 概述

LizMap 是一个用于在线发布 QGIS 地图的开源解决方案（可获得和修改源代码），自 2011 年以来由法国公司 3Liz[①]开发。LizMap 应用程序由 QGIS 插件和 Web 客户端应用程序组成。大致上，LizMap 基于三个主要步骤在线发布地图：

（1）通过 QGIS 项目创建需要发布的地图；

（2）通过 LizMap QGIS 插件在地图服务器 QGIS-Server 配置地图和在线发布；

（3）在服务器上安装 LizMap Web 客户端应用程序查看地图。

为使用 LizMap 解决方案，特别是 LizMap Web 客户端，需要具备可访问远程服务器的 Web 开发环境。为此，需要安装：

（1）Apache Web 服务器；

（2）PHP 5.6（用于创建动态网页）和 sqlite、gd、xml、libapache2-mod-php 以及 curl 扩展；

（3）QGIS 2.16 简化版和 QGIS Server 2.16；

（4）FTP 客户端（如 FileZilla、SmartFTP、WinSCP），用于上传 QGIS 项目到远程服务器；

（5）PostGreSQL DBMS 及其空间组件 PostGIS（扩展名为 php-pgsql），用于优化地理图层的显示（此安装是可选的）。

LizMap 可以安装在 Linux Debian 或 Ubuntu 以及 Windows Server 操作系统上。在本章，LizMap Web Client 的安装不作详细介绍，读者可以参考在线文档[②]获取安装和使用相关步骤的详细说明。

LizMap 正处于发展期，每个人都可以通过提交草案/翻译文档，提供发展资金，或开发新功能，或简单地分享遇到的程序错误等，为其完善贡献力量。

为实现本章阐述的方法，读者必须有一个服务器，可以向公司的 IT 部门或研究中心申请或者租用一个私有服务器（如可以在 www.ovh.com，2020.7.29 或 https://www.3liz.com/lizmap.html#offre，2020.7.29 租用）。Filezilla 工具将在 6.3.3 节（通过 FTP 发布地图）介绍。如果用户没有远程服务器，也可以通过安装免费的 WamServer 工具（www.wampserver.com，2020.7.29）在计算机上模拟服务器，但是其他互联网用户将无法访问该地图。

---

① https://www.3liz.com/，2020.7.29。

② https://docs.3liz.com/en/install/index.html，2020.7.29。

6.2.2 使用 LizMap 在线发布地图的主要步骤

6.2.2.1 准备与创建一个用于 Web 的 QGIS 项目

首先创建 QGIS 项目，修改其属性以使其适用于 Web，其中包括配置坐标参考系统（coordinates reference system，CRS），使其与在线可视化的背景地图坐标系统兼容。然后还需要提供 QGIS Server（OWS①）的有关信息，包括网络地图服务（web map service，WMS）和网络要素服务能力，地理范围和项目 CRS 约束。最后是配置项目图层，特别是编辑用于 QGIS Server 发布地图所需要的元数据（标题、元数据 URL 等），以及为项目每个图层指定样式（离散化方法，颜色，图表和标签显示等）。

6.2.2.2 设置用于 LizMap 的 QGIS 项目

首先在 QGIS 中安装 LizMap 插件，使创建的 QGIS 项目更易于在线发布。然后需要对 LizMap 图层进行参数设置：

（1）编辑图层有关信息（标题、摘要等），定义用于图层 Web 发布的关联选项（影像格式、图例显示等）；

（2）配置要显示的地图（激活一些基本工具，如测量工具、设置图层比例尺和初始化地图范围等）；

（3）配置基础图层，可以是项目的基础图层，也可以是公共的基础图层（如 Google Maps 或 Open Street Map）。

6.2.2.3 通过 FTP 发布地图

在 QGIS 及 LizMap 中完成项目配置后，使用 LizMap 发布地图。为此需要将包含 QGIS 项目以及关联数据的本地目录与运行 LizMap Web Client 的服务器目录同步，保证两个目录完全一致。每次修改/更新 QGIS 项目或 LizMap 插件配置时，都需要重复该步骤。可以安装 FileZilla 或者 WinSCP 之类的 FTP 客户端。

6.2.2.4 地图可视化

将本地目录与服务器上的目录同步之后，可以通过 LizMap Web Client 应用程序在主流 Web 浏览器中在线查看 QGIS 地图。

---

① OWS：开放地理空间联盟 Web 服务，定义所有 OGC 网络服务，支持空间数据互操作。

6.3 QGIS 实现

本章叙述使用 LizMap[1]插件实现在线发布地图[2]。为此需要：①创建 QGIS 项目；②设置 LizMap；③通过 FTP 发布地图。本章最后还将介绍一些高级功能。本节选择的示例地图是在[LER 18]创建的矢量地图。本章会使用 QGIS 软件（版本 2.18）和 LizMap 插件（版本 2.3.0）的基本功能。

6.3.1 创建用于 Web 的 QGIS 项目

配置 QGIS Web 项目的步骤见表 6.1。

表 6.1　配置 QGIS Web 项目的步骤

步骤	QGIS 中的实际操作
1. 创建 QGIS 项目	在 QGIS 主工具栏中： （1）单击 Project → New（项目 → 新建）； （2）导入矢量格式的土地覆盖图。 配置图层显示： （1）在 QGIS 图层面板上右键单击图层，选择 Properties（属性）； （2）在 Style（样式）选项卡下，选择 Categorized as objects style（分类为对象样式）模式，然后在 Column 选项中，选择需要进行分类计算的列（此处为 DN）； （3）在 Legend（图例）窗口中，修改每个符号的颜色为图例关联的标签； （4）单击 OK。 注意，随时保存 QGIS 项目。
2. 设置用于 Web 的 QGIS 项目：坐标参考系统	在 QGIS 主工具栏中： （1）单击 Project → Project Properties（项目 → 项目属性）； （2）单击 CRS 选项卡； （3）在 CRS transformation（OTF）中启用 On the fly 选项； （4）为网络地图选择目标 CRS，如 WGS84 / Pseudo Mercator（EPSG：3857）。
3. 设置用于 Web 的 QGIS 项目（QGIS 服务器）：Web 地理服务参数	在项目属性中： （1）单击 OWS Server（OWS 服务器）选项卡； （2）检查 Services Capabilities（服务能力）项，为将在 LizMap 应用程序中显示的 QGIS 项目提供相关信息； （3）在 WMS Capabilities 分组中，选中 Advertised exten，然后单击 Use Current Canvas Extent（使用当前画布范围）； （4）在 WMS Capabilities 分组中，选中 CRS Restrictions 一项，然后单击 Used，将自动在窗口中显示 EPSG：3857。

---

[1] https://www.3liz.com/lizmap.html#appli，2020.7.29。

[2] https://docs.3liz.com/fr/publish/index.html，2020.7.29。

6.3.2　设置用于 LizMap 的 QGIS 项目

6.3.2.1　安装 LizMap 插件

通过 Install and manage plugins（安装和管理插件）菜单安装插件（表 6.2）。

表 6.2　LizMap 插件安装

步骤	QGIS 中的实际操作
插件安装	在 QGIS 主工具栏中： 单击 Plugins → Manage and Install Plugins（插件 → 管理和安装插件）。 在 All 菜单下： 搜索并选择 lizmap → Install plugin。 验证安装结果： 单击 Plugins → Manage and Install plugin → Installed，或在主菜单工具栏中单击 Web → Lizmap。

6.3.2.2　配置 LizMap 图层

LizMap 插件通过几个选项卡配置（表 6.3），其中最常用的是：

（1）地图选项，用于管理在线地图的通用选项；

（2）图层，用于管理在线显示的所有图层；

（3）基本图层，用于配置 Web 服务的基本图层；

（4）日志，显示所有已完成的操作。

表 6.3　配置 LizMap 图层的步骤

步骤	QGIS 中的实际操作
1. 图层 配置	使用 QGIS toolbar → Web → Lizmap → lizmap 或通过直接单击 QGIS 工具栏中的按钮 ⊙ 打开 LizMap。 在 Layers 选项卡下： （1）List of layers 窗口中将显示 QGIS 图层面板中的所有图层； （2）选择对应的图层激活土地覆盖图。 在 Metadata 窗口中： 根据在线地图图例中要显示的标题指定 Title 的内容。 注意，Abstract 用于对图层进行简要描述，当鼠标悬停在地图上时显示。Link 提供该图层与网页的关联。 在 Legend 窗口中： （1）勾选 "Toggle?" 项，显示默认的图层； （2）勾选 "Display in legend tree" 项，如果未选中此选项，地图用户将无法管理此图层的显示。 在 Map Options 窗口中： （1）在 Image format 部分，选择 png 格式，也可以选择较简单的图像格式（如 png 16 位），以提高显示的流畅度； （2）勾选 "Single tile?"，服务器将生成单一影像。

步骤	QGIS 中的实际操作
2. 地图选项配置	单击 Map 选项卡，在 Map tools 窗口下： 可以检查不同的工具（如用于距离测量的测量工具，或用于通过地址搜索引擎自动搜索位置的地址搜索工具）。 在 Scales 窗口下： 通过修改 Map scales 选项或保留默认值定义不同的比例尺。 说明，至少需要提供最小和最大两个尺度，以便将显示限制一定范围内。 在 Initial extent 窗口下： 单击 Set from map canvas 定义地图的初始范围。 注意，地图的最大范围在 QGIS 项目属性的 OWS 服务器选项卡中定义。数据不在此范围内则不会显示。地图默认初始范围是给定的最大范围。
3. 基础图层配置	单击 Baselayers 选项卡，在 Public baselayers 窗口下： （1）通过选择 OSM Mapnik 将 Open Street Map 图层添加到地图。 （2）类似地可以通过选中对应的选项添加 Google Satellite 或 Google Terrain。 （3）图 6.2 显示了用于研究区域的公共基础图层。 注意，①Google、Bing Map 或 IGN 的基础图层需要获得许可才能使用，因此需要密钥。 ②图例中不包括基础图层，它们在 LizMap Web 应用程序中以列表形式显示。 完成所有配置后，单击 Apply 并关闭窗口，此时系统会创建一个扩展名为.cfg 的文件。

（a）　Open Street Map

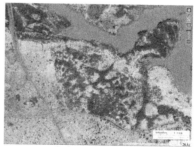
（b）　Google Satellite

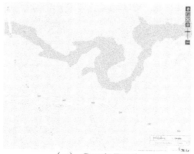
（c）　Google Terrain

图 6.2　LizMap 中可用的基本图层示例

本章展示的所有地图可以在 www.e-watch.pro/formation-lizmap，2020.7.29 网页中获取

6.3.3 通过 FTP 发布地图

通过 FTP 发布地图的步骤见表 6.4。

表 6.4 通过 FTP 发布地图的步骤

步骤	QGIS 中的实际操作
1. 安装和设置 FTP 工具	下载 FTP 客户端，如 Filezilla 网站（http://filezilla.fr/，2020.7.29），并将其安装在计算机上。 在菜单 **Site manager** 下，设置对服务器的访问。 （1）host:my_server.net； （2）protocol：sftp； （3）Logon type：Normal； （4）User：my_username； （5）Password：my_password。 在左侧站点（本地站点）上，选择包含 QGIS 项目的文件夹，在右侧站点（远程站点）上，则选择用于服务器的文件夹： 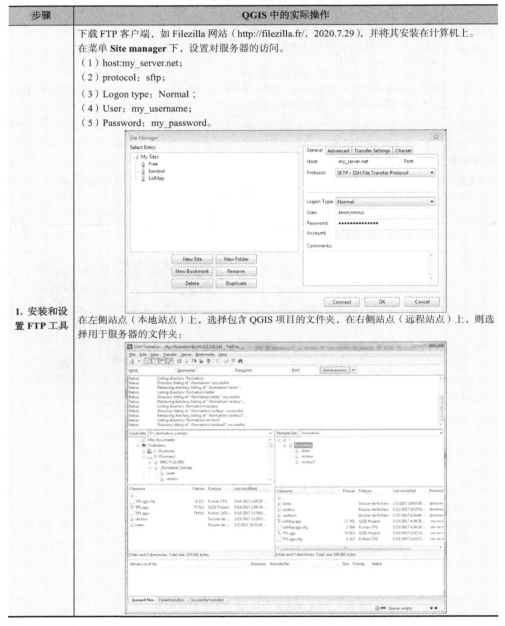

续表

步骤	QGIS 中的实际操作
2. 客户端传输	使用 FTP 客户端,传输 QGIS 项目(.qgs)文件、与 QGIS Project 相关的文件,以及服务器上用于 LizMap Web Client 配置的.cfg 文件。
3. 在线查看地图	使用浏览器,通过两种方式查看地图。 (1)通过服务器上存储的 LizMap 项目通用主页,使用 url 网址访问,如:http//my_server/lizmap/index.php/view/; (2)使用 url 网址直接访问项目主页,如: http//my_server/lizmap/index.php/view/map/? repositor y = form1 & project = MyProject。
4. 集成其他矢量图层	在 QGIS 项目中添加矢量文件(如道路,村庄)。 配置每个图层的显示方式: (1)在 QGIS 图层面板中右键单击图层选择 Properties 选项; (2)修改各种属性(样式,标签等)。 通过 QGIS toolbar → Web → Lizmap → lizmap 选项打开 LizMap: (1)在 Layers 选项卡的图层列表会显示新的图层; (2)对每一图层重复表 6.3 中的图层配置步骤; (3)完成所有配置后,单击 Save; 重复表 6.4 中的客户端传输步骤; (4)最终生成的地图如图 6.3 所示。

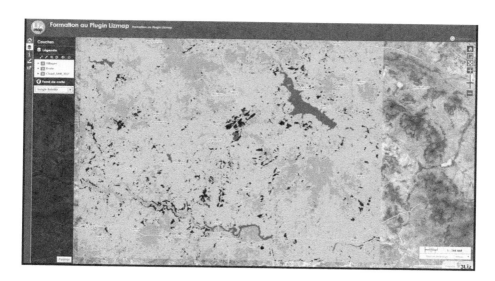

图 6.3　在线发布的土地覆盖图示例

该图的彩色版本参见 www.iste.co.uk/baghdadi/qgis1.zip,2020.7.29

6.3.4　一些进阶技巧

除本章前述的一些功能外,LizMap 还为那些希望改善地理数据显示和表达的用户提供了一些高级功能。

6.3.4.1 弹出式窗口

在 LizMap 中,可以通过 LizMap 插件激活一个图层或图层组的弹出式窗口(用于显示属性数据的窗口)。在插件的 Layers 选项卡下，选中 Enable pop-ups。在 LizMap Web 客户端应用程序中，单击地图要素即可打开弹窗。

6.3.4.2 比例尺

可以在 Web 界面（"Map"标签）中管理多个级别的显示比例尺。但是在使用 Google 或 OSM 基础图层时不支持精细的比例尺管理。在这种情况下，仅指定最小和最大比例尺。

6.3.4.3 CRS 管理

通常不建议为提高显示性能强制进行"即时"CRS 转换（QGIS 项目特性）。因此最好是对每个显示图层用于网络地图重新投影的投影系统进行编码，通常使用与 Google 或 Open Street Map 中基本图层对应的 WGS84/Pseudo Mercator(EPSG：3857) 投影系统。为此，在 QGIS 中右键单击 Save as，选择图层对应的 CRS。

6.3.4.4 透明度

在地图的 Web 查看界面中，在图例中单击图层打开一个信息窗口，选择所需要的透明度级别，即可用不同的透明度显示图层（图 6.4 ）。

图 6.4　LizMap 透明度管理示例

该图的彩色版本参见 www.iste.co.uk/baghdadi/qgis1.zip，2020.7.29

6.3.4.5　高级配置

LizMap 提供了大量用于在线发布地图的功能。在此不详细描述，仅说明一些比较重要的功能如下：

（1）创建位置地图或总览地图；

（2）添加定位功能，自动放大项目中一个或多个空间对象；

（3）配置打印，导出 pdf 或 png 格式网络地图；

（4）通过设置服务器缓存提高性能；

（5）编辑图层，可以使用 LizMap Web 客户端界面编辑 PostgreSQL 图层的空间和属性数据，从而快速实现协作式 GIS，使得用户社区可以在 Web 界面中更新公用数据库；

（6）通过鼠标选择地理实体提取属性数据。

所有关于 LizMap 的文档可以通过以下链接在线获取：https://docs.3liz.com/fr/，2020.7.29 和 https://docs.3liz.com/en/，2020.7.29。

6.4　参考文献

[LER 18] LEROUX L., CONGEDO L., BELLÓN B. et al., "Land cover mapping using Sentinel-2 images and the semi automatic classification plugin: A northern Burkina Faso case study" in BAGHDADI N., MALLET C., ZRIBI M. (eds), QGIS and Applications in Agriculture and Forest, ISTE Ltd, London and John Wiley & Sons, New York, 2018.

7

QGIS 卫生健康应用插件 GeoHealth 和 QuickOSM

Vincent Herbreteau，Christophe Révillion，Etienne Trimaille

7.1 GIS 卫生健康应用背景和 QGIS 专用插件的发展历史

　　地图与空间分析越来越多地应用于卫生健康领域，丰富了时空数据组织应用实例，也为卫生健康数据提供了地理视角。卫生健康组织（地区的或国际的）使用地理信息系统（GIS）和通用地理信息工具公告疾病分布，管理人员用其监视和控制流行病，医生和研究人员用其探索疾病分布。卫生健康领域的科学出版物也展示了空间地图和分析的广泛应用。包括世界卫生组织、各国卫生健康行政管理部门以及研究组织在内的主要机构，已经与地理信息科学家和卫生健康地理学家一起建立了 GIS 实验室来完成上述任务。许多机构内部并没有这方面的专家，但仍然希望开展上述分析工作。卫生健康领域越来越多的工作者接受了地理信息知识培训。即便如此，由于工具的复杂性以及只是偶尔使用的缘故，实践中仍存在不少困难。

　　因此，QGIS 社区开发了 GeoHealth 插件，其目的是提供一个简单直观的界面，以便那些没有怎么使用过 GIS 软件的非专家用户（非地理信息科学家）可以绘制病例地图。另外，访问空间数据的困难同样限制了其应用，因为这涉及识别相关数据、访问权限、数据导入和可能存在的预处理等。本章提出使用 OSM，是一个免费的全球众源地理数据库解决方案。OSM 可通过 QGIS 的 QuickOSM 插件直接访问，支持简单的和特定的对象查询（如下载指定区域中道路、房屋或药房位置的矢量文件，以及 OSM 中存在的类似数据）。通过使用 OSM 中包含的地址信息，相关机构可以对患者进行地理定位并将其标记在地图上。同时还可以进行空间分析以评估景观特征对疾病发生的影响。

　　使用 OSM 数据的主要缺陷之一是其数据参差不齐。该数据库由贡献者参与建立，其中的数据非常驳杂。但反过来，OSM 的优势也在于作为一个记录数据地图的工具可以满足用户的特定需求。因此，在没有参考数据的区域，完全可以通过卫星影像解译或集成野外数据，使用 QuickOSM 导入进行制图。

必须关注数据保密性的问题，因为这些来自医疗系统的数据是关键数据。为了尊重用户匿名的意愿，卫生健康数据通常依据管理单位进行汇总，因而会丢失局部空间数据信息。GeoHealth 插件提供一种进行模糊处理（blurring，采用扩展的"Blur"函数）的点位近似方法，精度由用户定义（如指定点位范围为 1km 以内）。为了隐藏患者居住地位置，可以使用插件计算模糊区域房屋数量，以控制模糊（blurring）质量。该方法可以很方便地应用于点状流行病数据分析，改善检测人群集聚和分析周围环境的能力。

7.2 方法

就卫生健康专题制图而言，首要需求是绘制病例分布图。这些病例通常用比率表示，即在一定的行政区规模（国家、地区、村庄等）下病例数量与总人口的比率。在流行病学中，疾病的发生率（或者发病率）是指特定人群在一定时期内的新增病例数，也可以把患病率定义为特定人群在某个时间点或时间段的病例数（包含之前已确诊的病例）[PIC 01]。发病率地图的另一种表达形式可以是密度图，其中，病例数通过其与每个空间单元的关系表示。

GeoHealth 插件最初的目的是提供一个直观的界面，用于导入流行病学数据表格并绘制其发病率、患病率或密度图，可以导入各种格式数据，然后在窗口中定义发病率计算和符号化参数。该插件还提供了一种用于隐藏位置数据的新方法（如前所述的模糊处理）。界面有三个主要的选项卡：Import（导入），Analyse（分析）和 Export（导出）（图 7.1），以及针对每个功能的一个侧边菜单，用于指导用户进行后续处理。

7.2.1 导入数据

需要绘制地图的数据通常以表格形式记录，一般先由医疗机构（医院、诊所等）记录一年中诊断出的疾病患者注册信息，然后由卫生健康管理机构（卫生部、疾病控制中心）进行综合形成。也可以是一个在主动检测（人群疾病研究、在动物种群中寻找病原体、在环境中寻找传染源或污染物）框架内进行卫生健康调查后总结得到的表格。

尽管在 QGIS 中导入表格很简单，偶尔也有可能出现用户很难找到正确功能的情况。或者说，很难记得可以通过 Add a vector layer（添加矢量图层）按钮

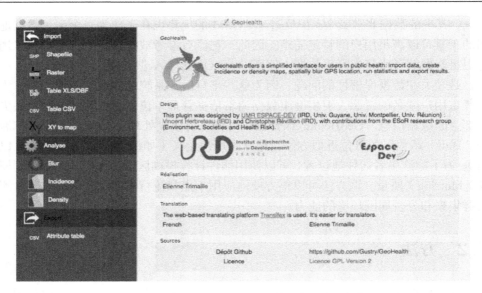

图 7.1   GeoHealth 插件主窗口

导入 Excel 文件（.xls 格式）。因此 GeoHealth 界面可以直接展示可以导入地图的不同类型的文件，包括：Shapefile、Raster、XLS/DBF 表格、CSV 表格、*XY* 坐标。最后一个功能（*XY* 坐标到地图）对应于 QGIS 中的 Add a delimited text layer（添加文本文件）对话框，可以将包含了纬度和经度信息的 csv 格式表格绘制成地图。

> QGIS 功能如下。
> 导入数据：Plugins → GeoHealth → Import

7.2.2   对病例进行地理定位

地理定位是至关重要的一步，旨在通过为流行病学数据提供空间参考进行地图定位。有三种可能的情况：

（1）数据表中包含了每个病例的参考信息（管理单位的名称或标识），可以直接与对应的管理单位矢量图层关联；

（2）数据表包含地理坐标（纬度和经度），可以使用"*XY* 坐标到地图"功能，并指定相应的数据列和投影导入表格；

（3）数据表中包含了每一行的邮政地址，可以使用国家或国际地址数据库（如使用 Google Web 服务或 OSM 数据搜索引擎 Nominatim，https://nominatim.openstreetmap.org/，2020.7.29）对这些地址进行地理编码。

QGIS 功能如下。

· 从包含纬度和经度的数据表中创建地图：Plugins → GeoHealth → Import → XY to map

· 对包含邮政地址的文件进行地理编码：Plugins → GeoCoding → GeoCoding

导入数据后，GeoHealth 插件的第二个选项卡中会显示 Blur（模糊），Incidence（发病率）和 Density（密度图）工具。

7.2.3 数据隐藏["模糊处理"（blurring）]

流行病等的个人数据只能在保障患者匿名权利的前提下使用，最好与数据保护机构签署协议。将个人数据按行政管理权限汇总后使用，通常只有在确保匿名性的情况下才可共享数据。但是这种汇总方式会导致每个病例周围环境信息的缺失。因此，GeoHealth 插件提供了一种用于点数据模糊处理的替代方法——使用 Blur（模糊）工具实现。该工具专门为医疗保健人员设计，提供了一种简单的数据模糊处理方法，可以在利用共享数据进行制图和分析之前进行数据模糊处理。

模糊处理方法包括三个步骤（图 7.2）：

（1）在病例所处的位置周围创建一个由用户定义的半径为 r 的缓冲区。

（2）在每个缓冲区随机绘制一个新的点。

（3）创建另一个同样半径为 r 的缓冲区作为模糊区域。这些新的圆形区域必须是保证数据传输前匿名性的区域。它们需要包括无法检索的初始点（遵循随机抽取原则）。模糊区域中的任意一点与初始点之间的最大距离是半径的两倍（$2r$），表示模糊操作的分辨率。

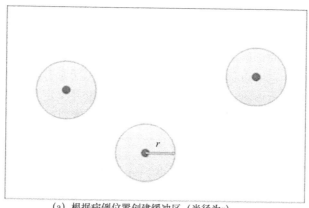

(a) 根据病例位置创建缓冲区（半径为 r）

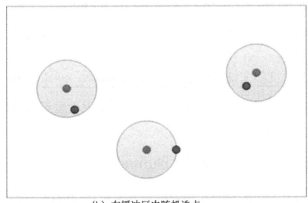

(b) 在缓冲区内随机选点

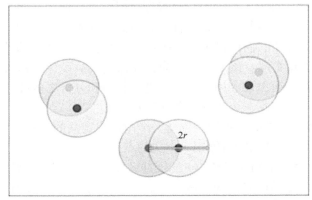

(c) 根据新点创建缓冲区（原始点与第二个缓冲区质心的最大距离为2r）

图 7.2　使用 Blur（模糊）工具实现点数据模糊处理

但在有些情况下，如在模糊区域中只有一所房屋，匿名化操作可能无效。因此，模糊处理工具提供一项测试[Blur（模糊）工具窗口的 Stats（统计）选项卡]功能，以查询每个模糊区域中的对象（这里是房屋）的数量。这项测试需要使用建筑物矢量图层，它可以提供描述性统计信息，包括所有模糊区域内的最少房屋栋数。建议用户进行该测试，以便评估模糊的质量并决定数据是否可以传播。如果测试结果达不到要求，用户可以通过增加半径再次对数据进行模糊处理。

QGIS 功能如下。
点数据模糊处理：Plugins → GeoHealth → Analyse → Blur

7.2.4　创建发病率或密度图

分析（analysis）菜单中的发病率（incidence）和密度图（density）工具在设

计和目标上非常相似：设置计算参数（选择图层和列、指定比率、要创建的列名称、输出文件名称），选择地图离散化和符号化方法，显示描述性统计信息等。根据输入的数据类型分两种选项卡：包含病例数量的多边形图层（通常是每个行政单位的轮廓）或标明病例位置的点图层。该工具会直接执行计算，并将结果输出到属性表的新列中，无须用户切换到编辑模式计算新字段。在工具中选择符号可以快速地显示结果，用户还可以调整图片的展示效果。

QGIS 功能如下。
- 创建发病率图：Plugins → GeoHealth → Analyse → Incidence
- 创建密度图：Plugins → GeoHealth → Analyse → Density

7.2.5　从 OSM 数据库导入数据

在数据资源丰富并有意识地发布其中一些数据的背景下，空间数据变得越来越易于访问。作为杰出项目之一，OSM 是进行空间卫生健康分析的必备资源。这个始于 2004 年的全球性开放数据库，通过大众参与的方式得到不断丰富和发展，包括免费的卫星影像照片解译、免费的数据集成，以及通过移动设备（智能手机和平板电脑）上的专用程序进行野外观测等方式。

参与 OSM 的一种常见方法是访问其网站（www.openstreetmap.org/，2020.7.29），进行身份验证（贡献者都是志愿的），然后通过影像解译绘制对象（建筑物、道路、兴趣点等）。在这种情况下，需要使用 OSM 影像。默认情况下，OSM 网站会提供为此目的分发的 Bing 影像。Mapbox 和 DigitalGlobe 公司也提供了高空间分辨率影像以完善 OSM 数据库。他们选择缺乏高分辨率影像且有很多积极贡献者注册的地区提供影像，以期获得更好的制图效果。当人道主义活动需要地图绘制时，他们也会定期地提供此类影像。有些国家还可以访问一些其他资源。用户完全可以使用自己的高空间分辨率影像源（来自无人机或卫星，如 Pleiades 或 SPOT 6/7），这些影像可通过项目获取。虽然只有项目成员可以使用这些影像，但是贡献给 OSM 后所有人可以使用。

一些组织，如人道主义 OpenStreetMap 小组（HOT：hotosm.org）和非政府组织（non-governmental organization，NGO）CartONG（cartong.org），会专门为人道主义活动提供地图支持。他们号召全世界的人们通过互联网参与到地图绘制的任务中来。正是因为有他们的努力，在 2010 年 1 月海地发生强烈地震（7.0 级地震）后的几个小时，OSM 社区发起动员工作，在 48 小时之内就提供了显示地震破坏范围的高空间分辨率卫星影像，而在最初的几个月内有 600 多人参与了该地区的地图绘制工作。OSM 数据库还常常被用于疾病控制项目。在 2016~2017 年，

HOT 和 DigitalGlobe 合作支持了克林顿卫生健康倡议组织疟疾防治计划，通过提供卫星影像加速在地理数据匮乏的流行病感染地区进行房屋与道路制图。基于 OSM 项目的另一个倡议是 HealthSites（https://healthsites.io/，2020.7.29），旨在建立一个全球性的卫生健康设施数据库，通过专门的界面有助于完成这些数据的建设。

OSM 数据库对空间分析也颇有裨益，因为它可以快捷地进行查询并直接导入 QGIS 中。导入是通过 QuickOSM 插件实现，可以指定导入的对象类别（基于 OSM 关键字/值，如选择"Building/yes"导入建筑物）、空间范围和数据类型（直线、节点、关系）。导入会生成一个矢量文件，可以直接保存和用于 QGIS 分析。

这种直接通过 QGIS 的 QuickOSM 插件进行基于查询的 OSM 数据导入是使用 OSM 的真正优势。实际上，其他导入 OSM 的方法通常需要使用给定范围（国家或地区）的整个数据集。查询使得下载更加轻便快捷，易于使用，因为只需要获取有用的数据。

除了使用 OSM 数据库提供的数据，用户还可以在 OSM 数据库中创建自己的数据并导入 QGIS 中使用。这可以是：

（1）在没有数据的小范围研究区域，仅需几天的工作就能够完成小区域（如几个村庄）地图绘制；

（2）在较大的研究区域，则需要像 HOT 小组那样组织一个多人制图小组协同工作；

（3）增加矢量数据，如卫生健康管理行政单位可以将卫生健康设施数据集成到 OSM 中。还可以集成免费的矢量数据集和遥感信息。

鉴于 OSM 的潜力，日益丰富的数据以及 QGIS 软件的 QuickOSM 扩展集成，OSM 数据库极大地促进了包括卫生健康领域在内的许多领域的空间分析应用。

QGIS 功能如下。
导入 OpenStreetMap 数据：Plugins → QuickOSM

7.2.6　环境分析

对于与卫生健康相关的研究，QGIS 主要用于数据制图。但是，越来越多的应用需要利用空间分析了解数据的空间异质性（分布和聚类分析）或环境因素对卫生健康状况的影响。GeoHealth 插件尚未提供用于这些高级用途的工具，需要使用其他的 QGIS 工具和插件。有很多可用的应用程序，这里仅列举一部分作为示例进行描述。

（1）距离计算：长期以来，这些计算仅限于点与点之间的直接距离。在 QGIS

中，使用 Distance Matrix（距离矩阵）工具可以快速计算相同矢量图层或两个矢量图层的点间距离。例如，该工具可以计算患者位置图层和医疗设施位置图层的距离。然后可以计算每个患者到医疗设施的最小距离。为了优化计算，可以使用道路网络计算理论行驶时间或通过道路的最短距离。Road graph plugin（道路图插件）可以进行这样的计算（该插件已集成在 QGIS 中，但需要事先在插件管理器中勾选对应选项框）。为此，可以使用 QuickOSM（关键字/值=highway/yes）下载研究区域的道路网络，并检查网络的完整性是否满足计算行驶时间或距离的要求。

（2）景观要素接近性：该研究的目的是测试景观要素接近性是否与大量病例相关（如病例控制研究）。这些景观要素可能是潜在的危险场所（如蚊虫传染疾病研究中的湿地和河流）或污染排放地点。其中一些要素可以根据 OSM 恢复。要测试水道接近性的影响，首先需要通过 QuickOSM（关键字/值=waterway/yes）导入水道，然后在它们周围创建缓冲区以测试距离。QGIS 提出了两种工具：① "固定距离缓冲区"，距离由用户指定；② "可变距离缓冲区"，距离可以根据图层变量变化(如该距离可以随水道类别变化)。最后计算这些缓冲区与案例位置的交集，统计比较缓冲区中相对于控制的病例比例是否增加。尽管可以显示出空间相关性，但并不一定是因果关系（原因可能与其他因素有关，而不是水道接近性，接近性只是一个指标）。

QGIS 功能如下。
- 点间距离：Vector → Analysis Tools → Distance matrix
- 行驶时间：Vector → Road Graph → Settings…
- 缓冲区：Vector → Geoprocessing Tools → Fixed distance buffer 或 Variable distance buffer

---

7.2.7 输出

在 QGIS 中通过保存数据图层并选择适当的格式可以容易地导出数据。只需要在 QGIS 中进行空间分析，然后使用其他软件进行统计分析的临时用户通常只需要保存属性表。为此，GeoHealth 插件提供了以 CSV 格式导出属性表的功能。

QGIS 功能如下。
导出属性表：Plugins → GeoHealth → Export → Attribute table

图 7.3 总结了用于卫生健康研究的空间分析典型过程。输入数据（在图的左侧）通常包括用于制图和空间分析的流行病学或观测数据。在这个处理框架中，

输入数据还包括用于丰富 OSM 的数据源（主要是卫星影像）。图 7.3 的中心部分综合 QGIS 中三个插件（GeoHealth、GeoCoding 和 QuickOSM）的分析结果。分析之后的输出结果（在右侧）包括地图，而且通常还会有用于统计分析或传播知识的数据表。

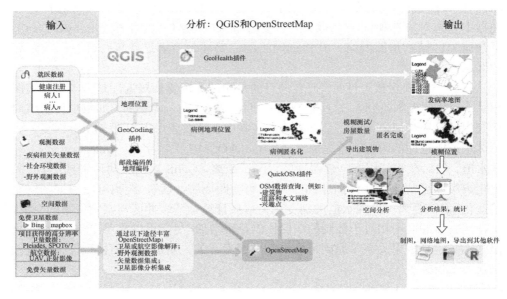

图 7.3　使用 QGIS 软件进行卫生健康数据绘图和空间分析的典型示例

7.3　使用 GeoHealth 辅助 QGIS 制图

本实验的目标群体涵盖 GIS 软件初学者和经验丰富的用户，以位于印度洋西南部的法国海外省留尼汪岛（Réunion）为例进行一系列应用实验。

7.3.1　安装 GeoHealth 和 QuickOSM 插件

访问 QGISPlugins 对话框窗口如图 7.4 所示。

实验中使用 QGIS 版本 2.18，需要安装两个插件：GeoHealth 和 QuickOSM。可以通过启动 Plugins（插件）菜单的 Manage and Install Plugins（管理和安装）项使用插件对话框进行安装。安装后，可以通过 Plugins 菜单访问 GeoHealth 插件（图 7.5），通过 Vector 菜单访问 QuickOSM 插件，或者通过工具栏中的快捷方式访问，也可以通过处理工具箱（Processing Toolbox）直接使用它们。

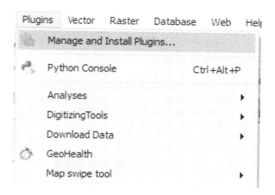

图 7.4 访问 QGIS "Plugins" 对话框窗口

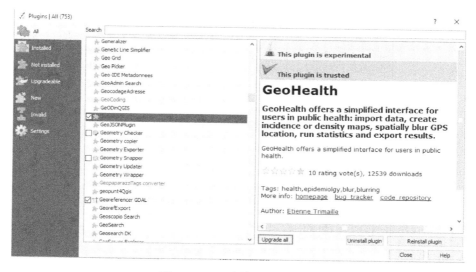

图 7.5 QGIS 插件对话框窗口

7.3.2 数据集

可 在 GeoHealth 插 件 的 GitHub 上 获 得 本 示 例 所 需 要 的 样 本 数 据：
https://github.com/Gustry/GeoHealth/blob/master/sample_data/geohealth_sample_data
_en.zip，2020.7.29。

它包含了：

（1）表示留尼汪岛上的两种疾病虚构病例的点矢量文件（shapefile）；

（2）用于测试地理编码的地址数据表（CSV 格式）（7.3.4.1 节）。

其他所需数据将使用 QuickOSM 插件在需要时从 OSM 数据库下载。

7.3.3 使用 GeoHealth 插件生成发病率地图

此处是使用点数据和行政边界创建发病率地图（表 7.1）。

表 7.1 使用 GeoHealth 插件生成发病率地图

步骤	QGIS 操作
1.导入 shapefiles	（1）在菜单 **Plugin/ GeoHealth** 中打开 GeoHealth。 （2）选择 Import（导入）： （3）选择 Shapefile，查找名为 fictional case 的点 shapefile 文件。加载后打开文件，该文件将显示在 QGIS 中。
2.利用 QuickOSM 插件下载行政单位文件	（1）单击工具栏中的 QuickOSM 快捷方式。 （2）转到 My queries（我的查询），可以在其中找到几个预定义的查询项，然后单击 Administrative boundary → Municipalities (8) extent. 选择 bbox（边界框），如果在 QGIS 中已经打开了虚构病例图层，会自动被选中作为查询目标，如果 QGIS 中显示的是其他图层，可以从下拉菜单中选中虚构病例图层，执行查询操作。 （3）会看到如下的结果：  为了计算发病率，需要从 OSM 下载 Municipalities（市政）图层属性表中分析每个地区的人口规模。通过右键单击 layers（图层）面板中的 Municipalities（市政）图层并单击 Open Attribute Table（打开属性表）项检查是否存在所需要的数据列。

续表

步骤	QGIS 操作
3. 使用 GeoHealth 插件计算发病率	根据两个矢量文件（虚构病例和行政边界），使用 GeoHealth 插件计算每个地区的虚拟发病率： 转到 Analyse（分析）选项卡 → Incidence（发病率）。 然后点开 Case and aggregation layers（病例和聚合图层）选项卡。如果 QGIS 项目中只打开了上述两个图层（虚构病例和行政边界），它们会直接在设置中显示。否则，从下拉菜单中选择它们。在 Population field（人口字段）选择人口对应列（行政边界图层）。 对于其他设置，可以： （1）选择发病率的比例分母（默认情况下为 100000 个居民）； （2）更改存放发病率输出数据表格的列字段名（默认为 incidence）； （3）选择新图层存放路径及其名称，或者默认将其保存为临时文件； （4）选择符号（颜色、分级模式和类别数量）。 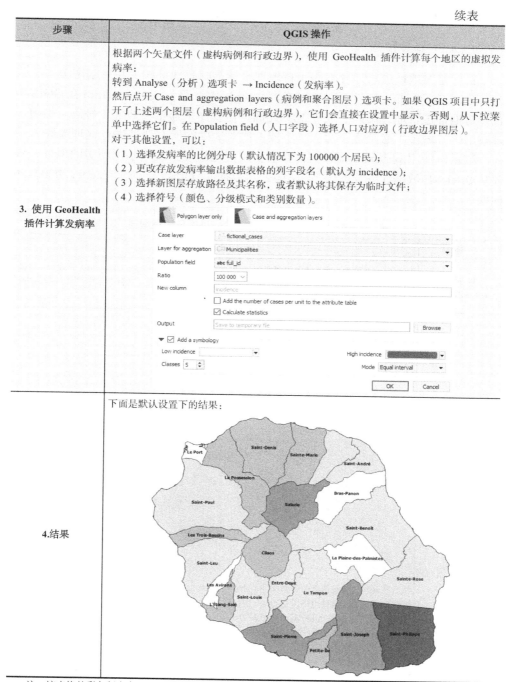
4.结果	下面是默认设置下的结果：

注：该表格的彩色版本参见：www.iste.co.uk/baghdadi/qgis1.zip，2020.7.29。

7.3.4　使用 GeoHealth 和 QuickOSM 插件对点数据进行"模糊"处理

7.3.4.1　地理编码

目标是对地址进行地理编码（将地理坐标与邮政地址相关联后制图）。

使用 GeoCoding 插件可以通过查询 Google Web 服务或 Nominatim 在 QGIS 中直接对地址进行地理编码（表 7.2）。此插件需要网络连接。地址（号码、街道、邮政编码、城市）必须逐个写入（不能一次对表中的所有地址进行地理编码）。

该示例使用 pharmacy.csv 文件，包含了留尼汪岛圣皮埃尔区药房的地址。该表从 SIRENE 数据库（一个公开的法国公司数据库，https://www.sirene.fr，2020.7.29）抽取。

表 7.2　使用 GeoCoding 插件对地址进行地理编码

步骤	QGIS 操作
1. 安装 GeoCoding 插件	从 Plugins（插件）菜单中打开插件对话框，单击 Manage and Install Plugins（管理和安装插件）项，在打开窗口中搜索 GeoCoding 项单击安装，然后就可以在插件菜单中找到 GeoCoding 插件。
2. 地址地理编码	首先需要选择用于地理编码的数据库：Google 或 Nominatim。 （1）转到 Plugin → GeoCoding → Settings。 （2）选择 Google 作为 Geocoder 引擎数据库，然后确认。 接着打开包含地址信息的表格文件（pharmacy.csv），并将其中的地址逐个复制到 GeoCoding 插件中。该表格文件也可以在 QGIS 中打开： （1）转到 Layer → Add Layer → Add Delimited Text Layer； （2）选择 pharmacy.csv 文件； （3）指定该文件为 CSV 格式； （4）同时勾选 No geometry (attribute only table)选项；

续表

步骤	QGIS 操作
	（5）单击"OK"确认。 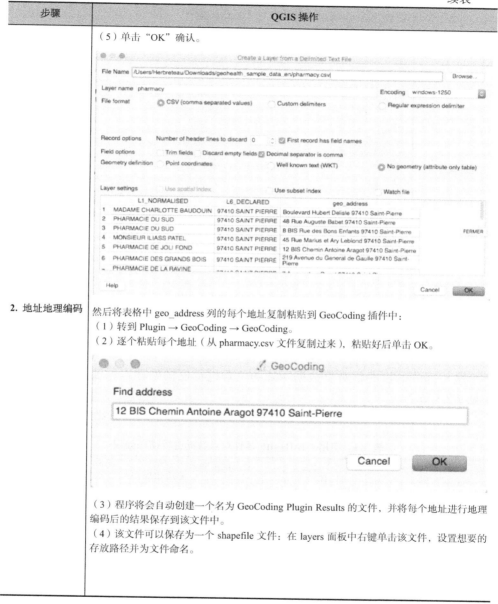 2. 地址地理编码 然后将表格中 geo_address 列的每个地址复制粘贴到 GeoCoding 插件中： （1）转到 Plugin → GeoCoding → GeoCoding。 （2）逐个粘贴每个地址（从 pharmacy.csv 文件复制过来），粘贴好后单击 OK。 （3）程序将会自动创建一个名为 GeoCoding Plugin Results 的文件，并将每个地址进行地理编码后的结果保存到该文件中。 （4）该文件可以保存为一个 shapefile 文件：在 layers 面板中右键单击该文件，设置想要的存放路径并为文件命名。

续表

步骤	QGIS 操作
2. 地址地理编码	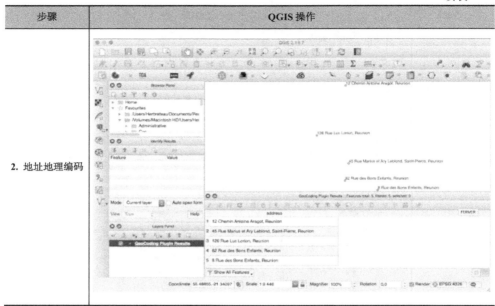

7.3.4.2 模糊处理

这一部分的目的是对点数据所处的位置进行模糊处理以保证数据的匿名性（见 7.2.3 节）。

GeoHealth 插件通过其 Blur(模糊)工具提供了一种空间匿名化方法(表 7.3)。

表 7.3　使用 GeoHealth 插件对点数据进行模糊处理

步骤	QGIS 操作
1. 导入 shapefiles 文件	（1）在菜单中打开 GeoHealth 插件：Plugin → GeoHealth。 （2）选择 Import： ⬅ Import （3）选择 Shapefile，找到名为 fictional cases 的 shapefiles 文件，加载之后打开，该文件就会显示在 QGIS 中。
2. 验证投影坐标系并对数据进行最后的重投影操作	由于模糊功能涉及缓冲区的计算，必须事先验证需要进行模糊的图层是否为投影坐标系（以 m 为单位）： （1）双击 Layers 面板中的 fictional case 图层打开 Layer Properties 窗口。 （2）转到 General 选项卡。 （3）验证坐标参考系统（CRS）。

续表

步骤	QGIS 操作
2. 验证投影坐标系并对数据进行最后的重投影操作	本示例中，fictional case 图层为 WGS84（CRS 4326）投影坐标系，因此坐标是以"度"为单位的。需要对此图层进行重投影，转换为以 m 为单位： （1）右键单击该图层，然后选择 Save As…。 （2）为要创建的新图层命名并设置存储路径。 （3）选择新的 CRS。此示例中，留尼汪岛的 CRS 应该设置为 EPSG：32740-WGS84 / UTM zone 40S。
3. 模糊处理	（1）打开 Blur 工具：Analysis tab → Blur。 （2）在 Point layer 列表中选择要模糊的点图层（投影 CRS 以 m 为单位的图层）。 （3）选择模糊半径（以 m 为单位）。 （4）如有必要，请指定输出文件的名称和存储路径（如 blurred_cases.shp）。 （5）在 Advanced 部分中，可以有选择地在属性表中添加一些列用于表示模糊半径，模糊区域质心的 X（经度）、Y（纬度）坐标。 （6）单击 OK 开始计算。

续表

步骤	QGIS 操作
3. 模糊处理	下图是默认设置下（半径 500m）的模糊结果： 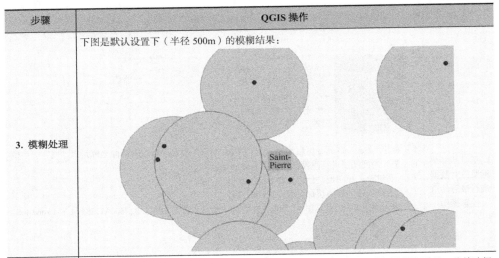
4. 使用 QuickOSM 插件导入研究区内的建筑物	点数据完成模糊操作后，模糊工具可以计算特定的统计信息帮助用户评估模糊质量，此处选择计算每个模糊缓冲区内所包含的房屋数量作为评估依据。 这一步需要使用建筑物矢量图层，可以使用 QuickOSM 插件下载 OpenStreetMap 提供的建筑物数据。为了减少计算时间，本示例仅以圣皮埃尔区作为例子进行演示。 在 Quick query 中，设置： （1）Key/Value = building/yes； （2）In = "Saint-Pierre"； 执行查询。  该查询可能需要一些时间。期间可能会收到错误消息 "OverpassAPI execution time reached"。在这种情况下，可以通过编辑查询设置项增加查询时间：单击 Show query，然后把代码的第一行中的超时阈值从默认的 25 增加到 100。 

218

步骤	QGIS 操作
4. 使用 QuickOSM 插件导入研究区内的建筑物	然后重新开始查询过程。 下载了 OSM 建筑物数据之后的结果如下所示： 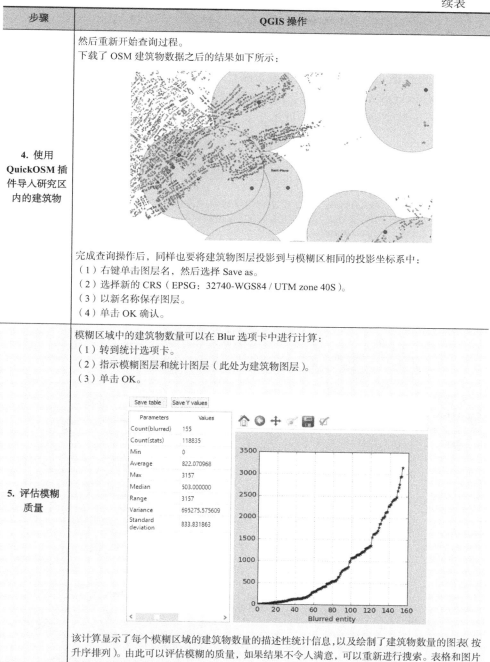 完成查询操作后，同样也要将建筑物图层投影到与模糊区相同的投影坐标系中： （1）右键单击图层名，然后选择 Save as。 （2）选择新的 CRS（EPSG：32740-WGS84 / UTM zone 40S）。 （3）以新名称保存图层。 （4）单击 OK 确认。
5. 评估模糊质量	模糊区域中的建筑物数量可以在 Blur 选项卡中进行计算： （1）转到统计选项卡。 （2）指示模糊图层和统计图层（此处为建筑物图层）。 （3）单击 OK。 该计算显示了每个模糊区域的建筑物数量的描述性统计信息，以及绘制了建筑物数量的图表（按升序排列）。由此可以评估模糊的质量，如果结果不令人满意，可以重新进行搜索。表格和图片的保存方法十分简单，此处不再赘述。

7.3.5　卫生健康研究的空间分析示例

本节的目的是实现用于卫生健康研究的、简单而实用的空间分析：

（1）使用从 OSM 数据库下载的医生位置数据计算距离矩阵；

（2）再根据 OSM 道路网计算最短路径。

使用 QuickOSM 插件，可以查询 OSM 数据库的特定对象。在这里，使用这些数据进行一些空间分析的示例展示（表 7.4）。

表 7.4　距离矩阵和最短路径的计算

步骤	QGIS 操作
1. 使用 QuickOSM 插件下载必要的数据	（1）启动 QuickOSM。 （2）在 Quick query 选项卡设置查询项为医生：key/value = amenity/doctor。 （3）在 Quick Query 选项卡选择查询项为道路网：key/value = highway，不需要指定 value 的值，此查询可能需要一些时间。 （4）以 m 为单位重投影道路网图层： a. 右键单击道路网图层，然后选择 Save as； b. 选择新的 CRS（EPSG：32740-WGS84 / UTM zone 40S）； c. 将生成图层保存为 Highway_UTM.shp。 此实验需要的数据包括：虚构病例、医生、道路网络和留尼汪地区。 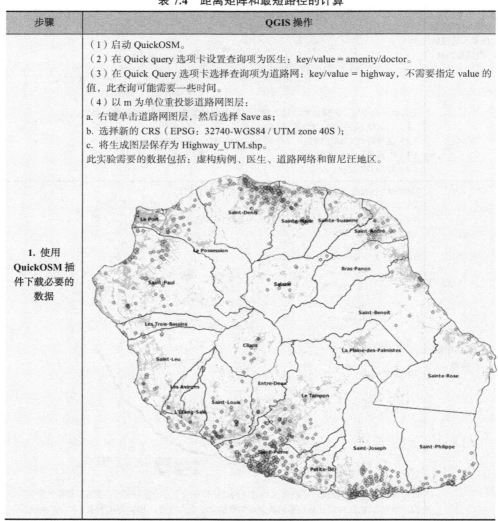

步骤	QGIS 操作
2. 计算距离矩阵	QGIS 有一项功能专用于直接计算两个点图层之间的距离。在此示例中，将计算 fictional cases 图层（以前使用的 fictional_cases.shp）与 doctors 图层中点位置之间的距离。 至于模糊化操作，需要以 m 为单位的投影系统（CRS）。 （1）转到 Vector → Analysis Tools → Distance Matrix…： （2）选择两个图层的点（如 n 位患者和 m 位医生）。 （3）选择矩阵的类型： a. 线性距离矩阵，每个距离结果逐行呈现（n×m 行）； b. 标准距离矩阵（具有 n 行和 m 列）。 （4）指定需要保存的输出距离矩阵文件的名称和路径，此矩阵将保存为.csv 格式。 输出.csv 文件可以在 Excel 中打开：File / Import /…。
3. 最短路径的计算	QGIS 中集成的 Road graph 插件可用于计算点之间的最短路径和行驶时间。 （1）转到 Plugins 对话框并激活 Road graph plugin 插件：

步骤	QGIS 操作
3. 最短路径 的计算	（2）然后这个插件会以名为 Shortest path 的面板显示在 QGIS 中（如果看不到该面板，请转到 View → Panels 菜单，然后选择 Shortest path）： 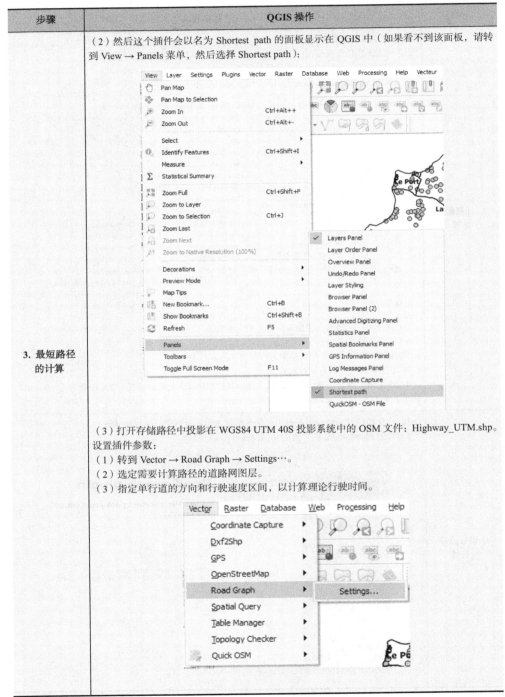 （3）打开存储路径中投影在 WGS84 UTM 40S 投影系统中的 OSM 文件：Highway_UTM.shp。 设置插件参数： （1）转到 Vector → Road Graph → Settings…。 （2）选定需要计算路径的道路网图层。 （3）指定单行道的方向和行驶速度区间，以计算理论行驶时间。

续表

步骤	QGIS 操作
3. 最短路径的计算	开始路程计算: (1)在 Shortest path 面板中选择起始点或直接输入其坐标。 (2)单击 Calculate。 (3)然后,计算结果路线会显示在地图上。  此外,路径还可以导出为矢量文件。

7.3.6 使用卫星图像为 OSM 数据库贡献数据

本节的目的是向用户展示如何使用在线 ID 编辑器为 OSM 数据库贡献数据。每个贡献者都需要先注册账号才能访问编辑界面并输入信息。该编辑器提供了多个卫星影像源,这些影像可以用作背景影像,协助制图工作。

表 7.5 在线为 OSM 贡献数据

步骤	QGIS 操作
1. 注册	(1)转到 OSM 网站:https://www.openstreetmap.org,2020.7.29。 (2)单击"注册"。 (3)填写所需要的信息并确认注册。 (4)单击电子邮件发送的链接验证注册。
2. 打开 ID 编辑器	(1)登录 OpenStreetMap(https://www.openstreetmap.org,2020.7.29)。 (2)选择要编辑的区域。 (3)单击 Edit 旁边的小箭头,然后单击更改 ID。

步骤	QGIS 操作
2. 打开 ID 编辑器	
3. 更改卫星 影像	在编辑界面中，背景板展示的是一幅卫星影像。默认情况下看到的是 Bing 影像，可以单击 Background Settings 选择其他影像源，如 MapBox 和 DigitalGlobe 软件。有时候为了迎合制图的需要更改背景影像源是必要的操作。 编辑模式下 Bing 影像的默认视图： 编辑模式下的 DigitalGlobe 影像视图： 也可以指定地址通过 WMS（Web 地图服务）服务器添加影像。 （1）单击 Background Settings，然后选择 Custom；

续表

步骤	QGIS 操作
3. 更改卫星影像	（2）单击 customize 旁边的放大镜进入自定义模式,然后输入服务器地址(如法国地区的 IGN BD Ortho 影像：https://proxy-ign.openstreetmap.fr/bdortho/{zoom}/{x}/{y}.jpg，2020.7.29)。 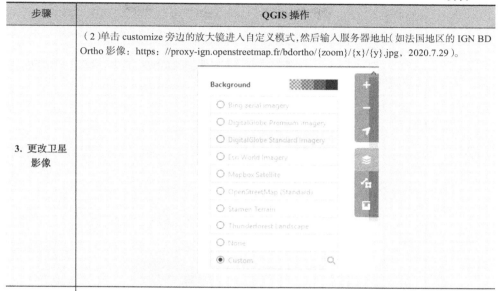
4. 为 OSM 数据库贡献数据	OSM 提供了三种几何类型：点、线、面。 （1）切换到 OSM 的编辑模式并找到某些尚未制图的建筑物区域。 （2）单击 Point 以添加兴趣点：  （3）左键单击背景地图创建此点。 （4）如果要添加一位医生的地址,可以在左侧面板的搜索窗口中输入 "doctor"： 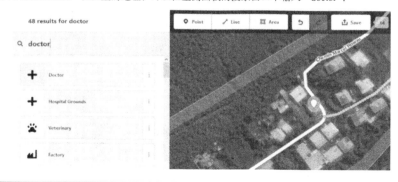

步骤	QGIS 操作
	（5）选择第一项，然后可以根据所拥有的信息（如地址、姓名等）编辑其他的字段。 （6）单击保存。 （7）在"Change group comment"字段中，指明此次编辑的性质（医生）以及相关的地理位置（市、地区、国家等）的信息。  添加线型信息（如人行道）： （1）单击 Line。 （2）首先，单击地图开始编辑，然后单击不同方向可以更改线的走向。 （3）在最后一点双击即可结束此次编辑。 
4. 为 OSM 数据库贡献数据	

续表

步骤	QGIS 操作
4. 为 OSM 数据库贡献数据	（4）在界面的左侧搜索"foot path"添加该直线的关键字和值。 （5）和之前一样编辑字段补充信息并保存更改。 注意，添加新路径时，它必须与已有的道路网相交，像上图所示的那样。 通过添加字段（关键字），可以修改每个元素的几何形状并完善相关的信息，右键单击该元素会出现一个工具栏，利用该工具栏可以移动元素，更改其方向，使其变直或将其删除。 添加多边形（如一栋新的建筑物）： （1）单击 Polygon。 （2）单击建筑物的一角开始编辑，然后单击建筑物的拐角处，最后勾勒出建筑物的轮廓。 （3）双击最后一点结束编辑。 （4）在左侧界面中搜索"building"打开交互界面完善信息，其中第一项代表没有任何其他属性的建筑物（building = yes）。 建筑物绘制完成后，可以右键单击该实体快速访问编辑工具栏。使用该工具栏可以对该实体进行变圆、移动、正交、复制、旋转，删除等操作： 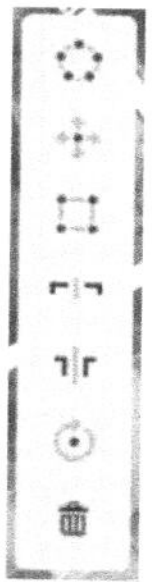 建议将建筑物绘制成矩形。 操作完成后，保存更改。 注意，添加的道路和建筑物都可以很快显示在 OSM 地图上。

在 OSM 的 ID 编辑器中，有一些常用的快捷键：复制（ctrl+c），剪切（ctrl+x）和粘贴（ctrl+v）。这些快捷键使得编辑者能够快速完成实体的复制与删除操作。快捷键（ctrl+z）用于取消上一个操作。

最后，为了能够正确地填写关键字和值，建议读者先查阅 OSM Wiki，以理解其填写方法（https://wiki.openstreetmap.org/wiki/Map_Features，2020.7.29）。

7.4　参考文献

[PIC 01] PICHERAL H., "Dictionnaire raisonné de géographie de la santé", Université Montpellier III, 2001.